어쨌든
풀리는
수학

「어쨌든
풀리는
수학」

펴낸날 | 2005년 2월 14일 초판 1쇄

지은이 | 양진호
펴낸이 | 이태권
펴낸곳 | 소담출판사
       서울시 성북구 성북동 178-2 (우)136-020
       전화 | 745-8566~7 팩스 | 747-3238
       e-mail | sodamQ@dreamsodam.co.kr
       홈페이지 | www.dreamsodam.co.kr
       등록번호 | 제 2-42호(1979년 11월 14일)

디자인 | Moon & Park(dacida@hanmail.net)

ISBN 89-7381-548-2 03410

● 책 가격은 뒤표지에 있습니다

「어쨌든
풀리는
수학」

sodam Q

프.롤.로.그

사실 처음부터 수학과 관련된 책을
낼 생각은 아니었다.

PC 통신 우스개 란에서 한참 활동하던 대학생 시절, '수학의 왕자' 라는 글을 연재했었다. 수학이라면 치를 떨며 싫어하던 주인공이 학교에서 수학 잘하기로 소문난 학생의 비법서인 '어쨌든 풀리는 수학' 을 훔쳐보게 되고, 이 책의 저자가 살고 있다는 '수학동' 을 찾아가 온갖 고난을 겪으며 수학에 눈을 뜨게 된다는 내용의 글이었다. 글에 사실성을 주기 위해 매회 시작 부분에 '어쨌든 풀리는 수학' 이라는 책에서 발췌한 것처럼 수학 공식이나 이해 과정의 일부를 적었었다.

그 글을 올리면서 많은 독자들이 메일을 보내왔었다. 그런데 뒤의 내용이 궁금하다든지, 또는 재미있게 보고 있습니다, 하는 내용보다 오히려 '어쨌든 풀리는 수학 어디에서 살 수 있나요?' 또는 '어쨌든 풀리는 수학 지금 쓰고 계신 건가요?' 하고 물어보는 내용이 더 많았다. 내가 수학 문제를 풀 때 실제로 사용했던 방법이기도 하고, 또 무엇을 하든 제일 효과적인 방법을 찾기 위해 별 희한한 시도를 하기도 하고, 그래서 나름대로 도움이 될 만한 내용이라고 생각하면서 적은 것이기는 하지만 반응이 그렇게 좋을 줄은 몰랐다. 음. 나 혼자만 좋다고 생각하는 게 아니라면, 한번 제대로 써볼까? 이렇게 시작하게 된 것이 《어쨌든 풀리는 수학》이었다.

시작은 쉬웠지만 마무리짓는 것은 쉽지가 않았다. 대학교 때 과외를 했으니 고등학교 수학에서 완전히 손을 뗀 것이 아니었다고 해도 책을 쓰기 위해서는 처음부터 다시 수학 공부를 해야 했다. 게다가 하는 일이

온라인 게임을 만드는 일이다 보니 회사에서 밤을 새는 일이 허다했다. 이렇게 나가다가는 평생 걸려도 못 끝내겠다 싶어서 독한 마음먹고 회사를 그만 두고 집에서 커피를 물처럼 마시며 결국 끝을 냈다. 3년 만에.

이 책은 '수학의 왕자'에서 나오는 최고의 수학 비법서가 아니다. 그 책은 조선 시대 장영실 어르신께서 수학 연구를 위해 비밀리에 만드신 '수학동'의 수학 천재들이 몇 백 년 동안 피땀 흘려 만든 책이라고 설정되어 있는데 어떻게 나 혼자 그런 책을 만들겠어유. 하지만 이 책을 제대로 읽은 사람이라면 그래도 최소한 수능 몇 문제 정도는 더 맞출 수 있을 것이라고 확신한다. 찍기 파트에서 나온 대입법이나 작도법을 이용하든, 이해하기 파트에서 어렵던 부분을 확실하게 이해하게 되었든, 문제집을 다양하게 이용하는 방법을 통해 약점을 보완하게 되었든, 또는 마음먹기 파트를 읽고 '그래, 일단 풀어보자!' 하는 생각을 가지게 되었든.

이 책을 읽는 모든 학생들에게 수에트마가 함께하기를...
(SUETMA, Super Ultra Extreme Tremendous Mathematical Ability).

2005년 1월
20년 만에 제일 추운 겨울의 상해에서
양진호

차례

프롤로그 4

하나 마음가짐 12

하나 다시 하나— 어쨌든 풀 수 있다고 생각하기! 14

하나 다시 둘— 집에서 풀면 잘 풀리는 이유는? 17

하나 다시 셋— 내가 어려운 건 남들도 어렵다 24

하나 다시 넷— 출제자와 입장을 바꾸어 보면? 28

하나 다시 다섯— 젖을 더 먹으려면 울기라도 해야지! 31

하나 둘 사이— 수리탐구영역 시험을 잘 보기 위한 10가지 충고 34

둘 이해하기 38

둘 다시 하나— 집합 이해하기 40

작은 하나 주절주절 40　　작은 둘 진실 게임 45

작은 셋 예 좀 봐요 46

둘 다시 둘 ― 명제 이해하기 48
작은 하나 | 주절주절 48   작은 둘 | 예 좀 봐요 51

둘 다시 셋 ― 허수 이해하기 53
작은 하나 | 주절주절 53   작은 둘 | 진실 게임 54
작은 셋 | 예 좀 봐요 56

둘 다시 넷 ― w 이해하기 57
작은 하나 | 주절주절 57   작은 둘 | 예 좀 봐요 59

둘 다시 다섯 ― 최대공약수와 최소공배수 62
작은 하나 | 주절주절 62   작은 둘 | 진실 게임 66
작은 셋 | 예 좀 봐요 67

둘 다시 여섯 ― 방정식 이해하기 70
작은 하나 | 주절주절 70   작은 둘 | 예 좀 봐요 74

둘 다시 일곱 ― 유리식 이해하기 78
작은 하나 | 주절주절 78   작은 둘 | 예 좀 봐요 79

둘 다시 여덟 ― 부등식 이해하기 81
작은 하나 | 주절주절 81   작은 둘 | 예 좀 봐요 83

둘 다시 아홉 ― 도형 이해하기 85
작은 하나 | 주절주절 85   작은 둘 | 진실 게임 88
작은 셋 | 예 좀 봐요 89

둘 다시 열 ― 함수 이해하기 92
작은 하나 | 주절주절 92   작은 둘 | 진실 게임 95
작은 셋 | 예 좀 봐요 97

둘 다시 열하나 ― 로그 지수 이해하기 102
작은 하나 | 주절주절 102   작은 둘 | 진실 게임 103

둘 다시 열둘 ― 삼각함수 이해하기 104
작은 하나 | 주절주절 104   작은 둘 | 예 좀 봐요 110

둘 다시 열셋— **행렬 이해하기** 112

작은 하나 주절주절 112   작은 둘 진실 게임 117

작은 셋 예 좀 봐요 119

둘 다시 열넷— **수열 이해하기** 121

작은 하나 주절주절 121

둘 다시 열다섯— **극한 이해하기** 140

작은 하나 주절주절 140   작은 둘 예 좀 봐요 144

둘 다시 열여섯— **미분 이해하기** 145

작은 하나 주절주절 145   작은 둘 예 좀 봐요 156

둘 다시 열일곱— **확률 이해하기** 157

작은 하나 주절주절 157

셋 **찍기** **170**

셋 다시 하나— **찍기의 유형(1)-대입법** 172

셋 다시 둘— **찍기의 유형(2)-소거법** 174

셋 다시 셋— **찍기의 유형(3)-작도법** 176

셋 다시 넷— **찍기의 유형(4)-예시법** 178

셋 다시 다섯— **찍기의 예시** 181

셋 넷 사이— **까딱하면 점수 까먹는 함정들** 210

넷 문제집 활용하기 212

넷 다시 하나 — 문제 옆에 풀이 과정 쓰기 214
넷 다시 둘 — 문제 전체 훑어 보기 217
넷 다시 셋 — 여러 방법으로 풀어 보기 220
넷 다시 넷 — 식과 답을 나누어 풀기 224
넷 다시 다섯 — 문제집 바꾸어 풀기 226
넷 다시 여섯 — 시간 제한하고 문제 풀기 228
넷 다시 일곱 — 단원별로 문제 풀기 231
넷 다시 여덟 — 단원마다 문제 골라 풀기 233
넷 다시 아홉 — 답안지 읽고 문제 맞추기 235
넷 다시 열 — 문제 난이도 평가하기 238
넷 다섯 사이 — 꼭 외워 두어야 할 수치들 241

다섯 필수 공식 시리즈 244

어쨌든
풀리는
수학!!

마음가짐

마음가짐도 실력이다. 아니, 어떤 면에서는 실력보다도 우선한다. 시험 시간에 잔뜩 긴장해서 아는 문제도 다 틀려 버리면 아무리 실력이 좋다 한들 무슨 소용이 있겠는가.

물론 마음가짐이 중요하다는 것은 누구나 아는 사실이다. 하지만 몇 백 번을 되풀이해도 부족할 정도로 중요하기 때문에, 다 아는 이야기일지언정 다시 한번 해보려고 한다. 정신 똑바로 차려!

하나
다시
하나
어쨌든 풀 수 있다고
생각하기!

　자율학습이 끝나고 집에 돌아올 때면 온갖 생각이 나지 않니? 특히 별이 밝게 빛나는 가을 밤에 바람이 교복 깃을 스치면, 좋아하는 애 생각으로 머리 속이 가득 차서 가슴이 막 울렁울렁하잖아. 마음 같아서는 바로 전화해서 보고 싶다고, 좋아한다고 고백하고 싶지만 혹시라도 그런 고백을 하면 그 애가 생긋 웃으며 "우린 친구잖아. 얘도 장난은……."이라고 할까 봐, 그래서 휴대폰 와그작와그작 씹어먹어 버리고 콱 죽고 싶을까 봐 고백도 못하고 한숨만 내쉬곤 했던 적 다들 있을 거야.

　근데 말야, 최소한 네가 고백할 용기가 생길 때까지 그 애를 계속 좋아한다면 사귈 가능성이 아주 없는 건 아냐. 무심결에 건네는 말, 아무 생각 없이 하는 행동 하나하나에도 너의 마음은 스며들어 있기 마련이고, 그 말과 행동들이 쌓이고 쌓이면 자연스럽게 너의 마음이 그 애에게 전해질지도 몰라. 하지만 네가 그 애를 좋아하는 걸 포기하면, 하늘이 무너진다 해도 너는 절대로 그 애랑 사귈 수 없어.

수학 문제도 똑같다. 문제를 풀려는 마음이 있으면 아무리 어려워 보이는 문제라 해도 머리를 쥐어 뜯으면서 이리저리 해결 방법을 찾아 보겠지. 그렇게 해도 안 풀리는 문제들이 많겠지만, 어떤 경우에는 운 좋게 풀 수도 있잖아. 하지만 풀려는 마음이 없어지는 순간, 문제 푸는 것을 포기하는 순간 그 문제는 절대로 풀 수 없게 되는 거야. 풀 수 있다고 생각하고 문제를 보

면 풀 수 있는 확률이 1퍼센트라도 되지만, 풀 수 없다고 포기하는 순간 확률은 0퍼센트가 돼 버려. 어쨌든 풀 수 있을 거라 생각하고 문제를 대하는 것과 절대로 풀 수 없다고 생각하고 대하는 것은 천지 차이라구.

"풀 수 없다는 마음은 0. 풀 수 있다는 마음은 1. 0에 몇 천 억을 곱해도 0은 0. 1은 그 어떤 수도 될 수 있는 가능성의 수!"

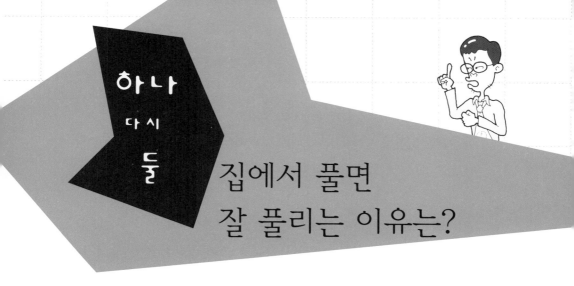

하나 다시 둘
집에서 풀면 잘 풀리는 이유는?

아마 누구나 경험했을 거라고 생각해. 분명히 시험 칠 때는 절대 못 풀었던 어려운 문제를 집에 와서 풀어 보면 '오잉?' 하고 술술 풀렸던 적이 있지? 아니면 시험 끝나고 나서 쉬는 시간에 공부 잘하는 애한테 못 풀었던 문제를 물어 보면 말야.

나 : 야, 이거 어떻게 푸는 거야? 이 문제 갖고 질질 끄느라 시험 망쳐 버렸다.

공부 잘하는 넘 : 아, 이거 쉬운 문제는 아닌데……. 어디 보자, 내가 어떻게 풀었더라…….

나 : 어라, 어라라? 이거 혹시 근의 공식 대입해서 그래프 그리는 걸로 푸
   는 거 아냐?

공부 잘하는 넘 : 우씨, 다 알면서 왜 물어 봐!!

나 : 아, 아니, 너한테 물어 보면서 다시 보니까 푸는 방법이 보이길래. 거
   참 신기하네. 절대 안 풀렸던 문젠데…….

참 신기하지 않아? 시험 치고 나서 갑자기 머리가 좋아졌을 리도 없고,
뭐 특별히 배운 것도 없는데 말야. 시험 칠 때 머리를 열심히 써서 그 동안
잠재되어 있던 천재성이 발휘되는 건 아니냐고? 그럼 다음 시험에 그 문제
가 나오면 좋아진 머리로 풀 수 있어야 할 거 아냐. 근데 다음 시험에서도

똑같이 또 못 푼단 말이지.

2002년 한일 월드컵 때 축구 때문에 다들 자지러졌지? 너무 좋아서. 너무 행복해서. "최선을 다해서 16강에 들겠습니다, 월드컵 첫 승을 거두겠습니다!" 하더니 어느새 4강까지 쭉쭉 올라가 버렸으니 이게 도대체 무슨 일이래? 우리 선수들이 아무리 잘할 거라고 믿어도 월드컵 시작하기 전에 '한국 월드컵 4강!'이라고 외치면 미친놈 취급 받았을걸. 텔레비전에서 8강 어쩌고 하면 "또 오버하구 있네. 1승만 거둬도 원이 없겠다!" 하면서 비웃었던 우리들이잖아.

도대체 무엇 때문에 우리 선수들이 그런 좋은 결과를 거둘 수 있었을까? 선수들이 열혈 투혼으로 운동장에서 죽을 각오로 열심히 뛰어서? 물론 맞는 말이지. 히딩크 감독님이 강력한 지도력으로 선수들의 실력을 몇 배 더 발휘할 수 있게 파워 프로그램을 실천해서? 뭐, 그것도 맞을 수 있겠지. 하지만 그 누구도 부인할 수 없는 사실, 그건 바로 홈 어드밴티지(Home Advantage)야. 일설에 의하면 홈 어드밴티지가 경기력에 주는 효과가 20퍼센트 이상이래. 선수들이 다른 나라에서 경기할 때보다 자기 나라에서 경기를 할 때 훨씬 잘할 수 있다는 거지. 자, 그럼 잘 생각해 봐. 홈 어드밴티지는 어디서 생길까? 구장과 주변 환경에 익숙해서? 관중들의 엄청난 응원 때문에? 시차 적응을 할 필요가 없어서? 아니면, 맨날 먹던 음식을 계속 먹을 수 있으니까 속이 편해서? 다 맞는 얘기지. 이런 이유들로 선수들은 긴장하지 않고 편안하게, 안정된 상태에서 시합을 할 수 있기 때문에 경기력이 향상되는 거라고 생각해.

시험도 똑같다. 제 아무리 많이 아는 사람이라도 긴장하면 한 문제도 못 풀 수 있어. 내가 재수할 때 공부 잘하기로 소문난 오수생 형이 있었거든? 그 형은 특히 수학을 잘했어. 극한 파트에 나오는 입실론-델타 정리는 대학생들도 이해하지 못하는 어려운 거였는데, 이 형은 그걸 응용해서 다른 문제를 증명까지 하더라구. 우리는 그 형이 도대체 어쩌다가 오수까지 하게 되었는지 이해가 가질 않았지. 다른 과목들도 못하는 편이 아니었거든. 나중에 술 한잔 하며 이야기해 줄 때에야 알게 되었지. 그 형이 선천적으로 엄청 긴장을 하는 타입인가 봐. 그래서 시험장에만 가면 문제도 눈에 안 들어오고 손이 막 덜덜 떨리고 그랬대. 보통 때 같으면 30분 안에 다 풀 수 있는 문제를 반도 못 풀고 도중에 나오니 어떻게 붙겠어.

공식을 외우고, 다양한 문제를 풀어서 경험도 쌓고, 수업도 잘 듣고, 이런 건 모두가 다 하는 일이고 모두 다 아는 사실이야. 하지만 똑같은 실력을 가지고 있어도 마인드 컨트롤을 어떻게 하느냐에 따라 결과는 천차만별이 된다구. 시험날 아침에 집을 나서면 어머니들이 항상 하시는 말씀, "애야, 긴장하지 말고 문제 잘 보고 와라." 이 말, 비 올 것 같으니 우산 가져가라는 말과 함께 2대 진리 중 하나지. 긴장하면 몸이 굳어지고, 몸이 굳어지면 생각이 굳어 버려. 그러니까 편안하게, 안정된 마음으로 문제를 푸는 것이 아주 중요해.

하지만 너무 긴장을 안 해도 문제지. 〈슬램덩크〉에 나오는 안 감독님 대사 중에 이런 말이 있어. 너무 긴장하지도 않은, 그렇다고 너무 긴장을 풀지도 않은 적당한 긴장 상태에서 사람은 최고의 실력을 발휘한다고. 시험을 볼 때도 마찬가지야. 너무 긴장해서 문제가 눈에 들어오지 않는다면 이미 시험을 망친 거나 다름없어. 그렇다고 다 아는 문제라고 마음이 완전히 풀어지면 꼭 실수를 하게 되지. 적당하게 긴장하고 문제를 풀 때 가장 좋은 결과가 나오는 건 모두 아는 사실인데, 이게 참 어려워. 특히 자신이 긴장을 했다는 걸 알면 긴장을 완화시키기 위해서 무언가 노력을 할 텐데, 이런 초긴장 상태에서는 자신이 긴장을 했는지 안 했는지조차 판단하기 어려우니까 말이야. 손에 땀이 흥건히 배는데도 그냥 무작정 문제를 풀 수밖에 없는……. 아아아, 생각만 해도 싫다.

그럼 시험장에서 홈 어드밴티지를 누리려면 어떻게 해야 할까? 아예 시험장으로 정해진 곳에서 살아 버려? 아니면 집이랑 똑같은 분위기를 내기

위해서 집에서 책상이랑 의자랑 액자랑 다 들고 와서 시험을 칠까? 말도 안 된다구? 아냐, 아냐. 물론 책상이랑 의자랑 다 가지고 오는 건 말도 안 되지만, 평소에 쓰던 필기구, 연습장, 놀러 갔다 주워와서 책상 위에 고이 놓아 두었던 청록색 조약돌 정도는 가져와도 돼. 자기 마음이 편해지고 제대로 실력을 발휘할 수 있다면 뭐 그게 대수겠어?

그래도 긴장이 된다면 전혀 다른 생각을 해봐. 난 눈 감으라고 하면서 시험지 나눠줄 때가 제일 긴장되더라. 모두 조용한 가운데 시험지 돌리는 소리만 들리는 그 시간이 정말 싫었다구. 그래서 눈을 감고 있는 동안 아침에 일어나 학교 오는 길에 있었던 일들을 하나하나 생각하곤 했어. 몇 시에 일어났는지, 반찬은 뭘 먹었는지, 신호등은 얼마나 오래 기다렸는지, 오는 길에 누구를 만났는지 등을 생각하다 보면 어느새 마음이 가라앉곤 하더라구. 꼭 이런 생각이 아니더라도 어젯밤에 친구와 했던 전화 통화, 텔레비전에서 재미있게 본 프로그램 같은, 자기한테 친숙한 생각을 하면 긴장감을 어느 정도 풀 수 있을 거야.

"똑같은 연필로 누구는 낙서를 하고 누구는 황홀한 그림을 그린다. 똑같은 실력을 가지고 누구는 문제를 풀고 누구는 풀지 못한다. 실력의 반은 마음이다."

하나 다시 셋
내가 어려운 건 남들도 어렵다

　시험장에서 제일 당황스러울 때는 언제일까? 어제 밤새워 공부한 문제가 하나도 안 나왔을 때? 문제를 풀려고 샤프를 들었는데 샤프심이 하나도 없다는 걸 알았을 때? 시험 끝나기 5분 전에 OMR 카드에 침이 튀었을 때? 뒷자리의 준성이가 자꾸 답 가르쳐 달라고 쿡쿡 찌를 때? 자기도 모르게 졸다가 책상에 머리 박았을 때? 교실 앞에 걸린 시계가 고장났는데 하필 손목시계를 안 차고 왔을 때? 조용한 시험 시간에 주머니에 넣어 둔 휴대폰이 우렁차게 울렸을 때? 아침에 힘내라고 어머니가 특별히 갈아 주신 당근 주스가 장에 사는 세균들과 문제를 일으켜 계속 배가 아프고 화장실에 가고 싶을 때? 그것도 아니면 교실에 지진이 일어났을 때?

　저런 일들이 일어나면 오죽이나 당황스럽겠어. 게다가 두 가지 이상의 사건이 동시에 발생하면 당황을 넘어 황당의 지경에 이르겠지. 휴대폰은 우렁차게 울리는데 배는 아프고 손에서 펜이 떨어져 저 멀리로 굴러가는 순간,

OMR 카드에 시꺼먼 줄을 주욱 그어 버리면 얼마나 좌절하겠어. 근데 보통 이런 일은 잘 안 일어나잖아. 자주 일어나는 일 중에서 가장 당황스러운 일은 뭘까? 내 생각에는 말야, 시험지를 딱 받았는데 풀 수 있는 문제가 하나도 없는 거야. 근데 다른 애들은 얼굴색 하나 안 변하고 쓱쓱 잘 풀고 있으면 엄청 당황스럽겠지?

사람이란 참 주변 상황에 따라 많이 좌우되는 거 같아. 혼자 뛰는 것보다 비슷한 실력의 친구가 같이 뛰면 달리기 성적이 더 좋게 나오고, 옆에 있는 애가 하품하면 나도 졸립고, 생전 먹고 싶지도 않았던 과자를 누군가 맛있게 먹고 있으면 엄청 먹고 싶기도 하고 말야. 시험 망쳐서 울적해 죽겠는데 누군가 "야, 이번 수학 시험 진짜 어렵지 않았냐? 나 완전히 망했어. 아씨, 어떡하지……"라고 한숨을 내쉬며 좌절하면 토닥토닥 위로해 주면서도 자기는 그나마 낫다는 생각에 왠지 안도감이 들고 기분이 나아지기도 하잖아. 친구의 고통이 나의 행복까지는 아니더라도…….

남들도 나랑 똑같이 긴장하고 있다는 걸 잊지 마. 너 혼자 벌거벗고 있으면 정말 쪽팔리겠지만 모두 벌거벗고 있으면 좀 덜 쪽팔리잖아? 무슨 도인인 양 눈 딱 감고 앉아 긴장 하나도 안 하는 것 같은 옆자리 친구도 속으로는 '어떡하지?' 와 '큰일났다!' 콤보를 연발하고 있을 거야. 정도의 차이는 있을지언정 중요할 때 긴장하지 않는 사람은 거의 없으니까.

자, 이렇게 생각해 보자. 시험 치는 동안 다른 애들이 문제를 잘 푸는지 못 푸는지 정확하게 알 수 있는 방법은 없어. 물론 분위기 정도는 느껴지지만 그건 확실한 게 아니잖아. 이래도 좋고 저래도 좋다면 어쨌든 나한테 도움이 되는 방향으로 생각해 버리는 거야. 내가 어려우면 다른 애들도 다 어려워할 거야, 내가 못 푸는 문제는 다른 애들도 못 풀 거야, 이런 식으로. 그러면 마음이 조금 편안해지겠지? 아무리 문제를 봐도 도저히 못 풀겠다는 생각이 들면 바로 좌절하거나 포기해 버리지 말고, 일단 '그래, 나만 어려운 거 아니야. 나만 못 푸는 거 아니니까. 저 애들 지금 샤프 부여잡고 뭔가 푸는 것처럼 보여도 실은 낙서하고 있는 거 다 안다. 아자! 힘내고 다시 한번 풀어 보자!' 라고 생각하고, 크게 숨 한번 내쉰 다음에 다시 문제를 풀면 당황했던 마음에 보이지 않던 해법이 슬슬 나타나게 될 거라구. 믿어 봐!

그런데 반대로 생각해 봐. 내가 어려운 문제가 남들에게도 어렵다면 마찬가지로 내가 쉬운 건 남들도 쉽지 않겠어? 그럼 남들이 다 맞히는 문제를

나만 틀린다면? 이걸 만회하려면 남들 다 틀리는 문제를 맞혀야 하는데 이게 절대 쉽지 않잖아? 그러니까 어려운 문제에서 당황하지 말되, 쉬운 문제에서는 절대 실수하지 않도록 주의하라는 소리야.

"지구에서 최소한 10명은 지금 내가 생각하는 것과 같은 것을 생각하고 있다. 대중 문화가 존재한다는 것은, 모두들 많이 달라 보여도 실은 사람들이 비슷한 생각을 하고 있다는 것."

하나 다시 넷

출제자와 입장을 바꾸어 보면?

너희들 출제자들이 수능 문제 낼 때 어떻게 하는지 얘기 들어 봤어? 문제가 밖으로 새나가는 걸 막기 위해서 다들 감금 비슷하게 호텔에서 나가지 못하게 한대. 예전에 어떤 출제자가 휴지에다 문제를 적어서 몰래 화장실에 버리고 약속한 사람이 주워가는 작전으로 문제를 유출시킨 적도 있었잖아. 그래서 요즘은 더 엄격할 거야. 수능 출제 위원이 되면 돈을 많이 받는지, 명예가 올라가는지, 아니면 시키니까 어쩔 수 없이 하는지 잘 모르겠지만, 아무튼 그렇게 문제 내고 나서도 수능 시험 칠 때까지는 갇혀서 생활을 해야 하는 것 같아.

근데 그렇게 힘들게 문제를 내는데 그냥 대충 만들까? 아니, 굳이 수능 문제까지 아니더라도 친구에게 문제를 낸다고 생각하고 한번 만들어 봐. 푸는 입장에서는 그냥 문제구나 하지만, 내는 입장에서는 그게 꽤 힘들어. 너무 어렵게 내면 좌절할 거구, 너무 쉽게 내면 자만할 거구. 적당한 난이도로 평가하고 싶은 항목만 콕 집어낼 수 있는 문제를 만든다는 거 절대 쉽지 않은 일이야.

정상적인 출제자라면 문제를 낼 때 그냥 막무가내로, 될 대로 되라는 식으로는 절대 내지 않아. 문제 푸는 사람이 생각하는 것보다 열 배, 백 배는 생각해서 낸다고. 시를 쓰는 것과 비슷하다고 할 수 있어. 몇 글자 안 되는 시를 쓰기 위해 시인은 수없이 많은 시간을 고민하고 또 고민하잖아. 그렇게 고난의 과정을 거쳐 나온 문제이기 때문에 단어 하나, 글자 하나에 분명히 뜻이 담겨 있어. 숨겨진 의미가 있다구.

'모든 x에 대하여, 어떤 x에 대하여, 임의의 수 x에 대하여'가 모두 같은 말인 거 알아? 이 중에서 조금 쉽게 하려면 '모든'이라는 단어를 쓰고, 조금 어렵게 하려면 '어떤'이라는 단어를 쓰겠지. '모든'과 '어떤'이 어떻게 똑같냐구? '어떤'이라는 건 그냥 무작정 고른다는 거잖아. 그냥 눈 감고 고르는데 뭐가 걸릴지 어떻게 알아. 결국 모든 상황에 대해서 성립하지 않으면 어떤 상황에서도 성립하지 않게 되는 거야. 근데 x 앞에 '어떤, 모든, 임의의'라는 단어를 없애면 문제가 완전히, 정말 완전히 틀려진다구. 예를 들어 볼까?

1. 어떤 x에 대해 $ax+3=2x+b$가 성립할 때, a는?

2. x에 대해 $ax+3=2x+b$가 성립할 때, a는?

1번 문제의 정답은 $a=2$이고, 2번 문제의 정답은 $a=\dfrac{2x+b-3}{x}$(단, x는 0이 아님)야. 아는 사람은 뭐 바로 알겠지만 조금 설명해 보자면, 그냥 아무 숫자나 넣어도 저 식이 성립하려면, a는 무조건 2가 되고 b는 무조건 3이 돼야 해. $2x+3=2x+3$이 되니까 당연히 성립하겠지? 이게 소위 말하는 항등식이잖아. 근데 2번의 수식은 실은 a에 대한 방정식이야. 그러니까 답이 저런 식으로 나온 거구. 그리고 실은 b를 모르기 때문에, a를 정확하게 정의 내리기도 힘들어. 게다가 x가 0일 경우에는 불능이 되어 버린다구. 1번이랑 2번 문제가 그렇게 크게 차이나 보이지는 않잖아? 단지 단어 하나의 차이인데, 그 단어 때문에 답은 완전히 달라져 버린 거야.

무슨 말을 하고 싶어서 저런 예를 들었냐면, 문제라는 건 그만큼 많은 의미를 담고 있고, 그 의미를 집어 넣은 것은 출제자니까 문제를 풀 때 푸는 사람 입장에서만 생각하지 말고 문제를 낸 사람 입장에서 생각해 보라 이거야. 왜 하필 이 단어를 썼을까? 다른 식들도 많은데, 왜 하필 이 식을 썼을까? 도대체 이 사람은 나의 어떤 능력을 테스트하고 싶은 걸까? 어떤 부분에 함정을 파놓고 싶었던 걸까? 내가 만약 이런 식으로 문제를 낸다면 어떤 부분을 어렵게 낼까?

주어진 문제를 그냥 푸는 게 아니라, 문제를 낸 사람 입장에서 문제를 보는 게 습관이 되면 아주 어렵게 꼬인 문제라도 쉽게 답을 찾을 수 있을 날이 올 거야. 그리고 실수하라고 파놓은 함정도 볼 수 있을 거구. 지피지기면 백전백승, 오케이?

"뚜룻 ~ 오오오~ 뚜르뚜르르~ 오오~ 내게 그런 핑겔 대지 마, 입장 바꿔 생각을 해봐 ~"

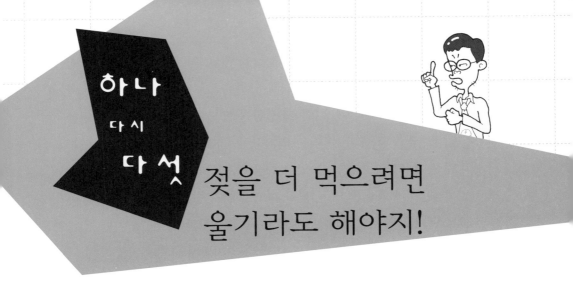

하나 다시 다섯
젖을 더 먹으려면 울기라도 해야지!

    〈라이언 일병 구하기〉라는 영화 봤지? 영화 처음 시작할 때 죽이잖아. 실제 노르망디 상륙작전에 참가했던 사람들에게서 고증을 받아 만들어서 그런지 엄청 실감나더라구. 상륙정이 도착해서 문 딱 열리자마자 앞 사람 머리에 총알이 박히고 죽어 나가는데, 으아……. 사운드 좋은 곳에서 보면 옆으로 총알 날아가는 소리까지 들린다니까. 진짜 전쟁터에 온 거 같아서 소름이 다 끼치더라.

    근데 말야, 실제로 저런 상황에서 제 정신으로 있을 수 있는 사람이 과연 있을까? 물론 정말 훈련을 열심히 받아서 주변 상황이 어찌 되었건 머리가 반응하기 전에 몸이 먼저 반응하는 사람이 있기는 하겠지. 과거에 전쟁에

참여한 경험이 있어서 익숙해진 사람도 있을 테고. 하지만 처음 투입된 신병이라면 손이 부들부들 떨려서 총도 제대로 못 쏘고, 눈을 뜨고 있어도 아무것도 보이지 않을 것 같아. 그럼 이 신병이 할 수 있는 제일 중요한 일은 뭘까? 한 명이라도 적을 더 죽이는 일? 명령에 따라 작전을 수행하는 일? 내 생각엔 말야, 그 신병이 할 수 있는 가장 중요한 일은 악착같이 살아남는 게 아닐까 해. 시체 흉내를 내든, 땅을 파고 들어가 숨든, 어떻게 해서든. 죽으면 그냥 끝이잖아. 더 이상 아무것도 할 수 없게 되잖아.

수학 문제를 풀 때, 풀어도 풀어도 안 풀리면 어떻게 할 거야? 풀 수 있다는 마음가짐을 가지라 했으니 풀고 말겠다고 마음먹고 풀고 또 풀었는데도 안 풀리면 어떻게 할 거야? 아마 십중팔구 답안지를 보겠지. 그래, 맞아. 어쩔 수 없어. 도저히 안 풀리는데 어떡하라구. 한 문제 가지고 몇 시간 동안 끙끙대며 풀어내면 그건 그것대로 쾌감이 있겠지만, 풀 수 있다는 마음가짐을 가지라는 건 일단 긍정적인 마음으로 도전해 보라는 거지, 자신의 실력을 제쳐 두고 무조건 붙들고 있으라는 소리는 절대 아니야. 답안지를 보고 왜 못 풀었는지, 어디에서 막혔는지 알아 보는 거 좋다 이거야. 하지만 그 전에 꼭 해야 할 일! 먼저 다시 한번 문제를 봐. 그리고 보기를 다시 봐. 그래도 역시 답이 안 보이면 찍어 봐. 최후까지, 악착같이 그 상황에서 할 수 있는 건 다 해보라구.

실제로 수능 시험을 볼 때 분명히 모르는 문제가 나올 거야. 전국에서 만점 맞는 몇 명 빼놓고는 분명히 모르는 문제가 있게 마련이라구. 그런데 답을 모른다고 해서 답안지를 빈 칸으로 낼 거 아니잖아. 어떻게 해서든 5분의 1의 확률에 오늘의 운세를 곱하고, 사주팔자의 보정을 거쳐 답이 맞기를 바라며 찍을 거잖아. 근데 고기도 먹어 본 사람이 잘 먹는다고, 찍는 것도 많이 찍어 볼수록 실력이 느는 거 알아? 많이 찍다 보면 감이 생기게 된다구. 무작정 찍는 게 아니라, 뭔가를 근거로 한 찍기가 된다니까. 설령 찍기 실력이 정말로 늘든 안 늘든, 답안지 보기 전에 한번 찍고 답 맞춰 본다고 해서 손해 보는 거 하나도 없잖아. 주어진 기회는 모두 사용해야지.

단, 노파심에서 얘기하자면 문제를 제대로 푸는 게 가장 좋고 그게 안 될 때 찍으라는 소리인 건 알지? 수학 성적이 확률 정규 분포를 따르게 하고 싶지 않다면 찍기는 최후의 보루로만 사용할 것. 중요한 건 찍기 자체가 아니라 찍기라도 해서 맞히려는 악착 같은 마음가짐이야.

"싸움에서 마지막에 서 있는 사람은 힘이 좋은 사람이 아니라 깡이 좋은 사람이다. 악으로, 깡으로, 아자! 아자! 가자!"

하나
둘
사 이

수리탐구영역 시험을
잘 보기 위한 10가지 충고

1. 보통 눈을 감으라고 한 다음에 문제지를 뒤집어 나눠 주는데, 눈 안 감는
   다고 때리거나 정학시키고 퇴학시키는 선생님은 없다. "너 눈 안 감으면
   문제지 안 준다!"라는 말 듣기 전까지는 실눈이라도 떠라. 그리고 문제지
   뒤를 뚫어지게 쳐다 봐라. 글씨는 거꾸로 되어 있더라도 문제가 보일 것
   이다. 답안지를 나누어 주는 시간까지 합쳐서 대략 3~4분. 이 정도면 보
   이는 문제 2~3개를 어떻게 풀 것인가 하는 대략적인 판단을 할 수 있는
   시간이다. 1점 차이가 1만 등 차이를 만든다. 무조건 뜨고 보자!

2. 1번 풀고, 2번 풀고, 3번 푸는데 막혔다 싶으면 넘어가라. 안 풀리는 문
   제 끝까지 잡고 있다가 뒤에 쉬운 문제 있는데 보지도 못하고 넘어가는
   경우가 종종 있다. "시험 잘 봤어?"라는 질문에 "문제지는 잘 봤어."라고
   얘기하면 그 유치함에 밟혀 죽겠지만, 농담이 아니라 정말 문제지라도
   잘 봐라. 최소한 마지막 문제가 어떤 문제인지 보고라도 나가야 할 것 아

닌가. 앞에서부터 풀다가 막히면 뒤에서부터 풀고, 그러다 막히면 다시 앞
으로 와서 풀더라도 모든 문제를 한 번은 꼭 읽어 봐야 한다.

3. 풀이 과정을 될 수 있으면 꼼꼼히 문제지에 쓰자. 나중에 검산할 때 매우
   도움이 된다. 행여 문제를 제대로 풀지 못해도 과정을 써놓으면 나중에
   중간 과정부터 빠르게 풀 수 있다. 한 문제를 계속 붙들고 있다가 시간이
   부족해지는 경우도, 역시 계산 과정만 미리 써놓고 나중에 답을 계산하
   는 방법으로 피할 수 있다.

4. 도형 문제는 도형만 제대로 그려도 반은 맞는다. 원을 제대로 그리고 싶으면 시험지를 길게 잘라서 반으로 접은 다음 샤프로 두 곳에 구멍을 낸다. 그리고 한쪽 구멍에 수성 사인펜을 넣어 고정시킨 후 다른 한쪽에 샤프를 넣고 돌려 보자. 훌륭한 원을 그릴 수 있을 것이다. 수능은 전쟁이다. 칼에 찔려 죽을 것 같아도 이빨로 상대방의 코를 물어 버릴 정도의 비장한 심정으로, 불법적인 행동을 제외한 모든 방법을 동원해서 시험을 보자.

5. 시험장 나오다가 갑자기 머리를 쥐어뜯으며 괴성을 지르는 사람들이 있다. '~의 합은?', '~의 개수는?', '~를 만족하는 영역이 아닌 것은?',

'~조건 하에서 성립하지 <u>않는</u> 것은?' 아무리 밑줄 쳐봤자 뭐하나. 제발, 문제 좀 똑바로 보고 풀자.

6. 시험 끝나고 답을 맞춰 볼 때 "아차 실수!" 이러고 난 다음에 "이건 실수니까 틀려도 괜찮아. 어차피 아는 문젠데 뭐." 하고 쉽게 넘어가는 사람들이 있는데, 실수해서 틀리나 몰라서 틀리나 점수 깎이는 건 매한가지다. 실수도 노력하면 줄일 수 있다. 실수로 틀린 문제는 문제의 숫자를 바꿔서 두세 번 더 풀어 보고, 자기가 실력이 없어서 틀린 건지, 정말 실수인지 확인하는 차원에서 비슷한 유형의 문제를 찾아 풀어 보는 노력을 해보는 것은 어떨까.

7. 배점이 높은 문제라고 쫄지 말고, 배점 낮은 문제라고 쉽게 보지 말자. 보통 높은 배점의 문제는 어려워 보인다고 손도 안 대서 틀리고, 낮은 배점의 쉬운 문제는 실수를 해서 틀린다. 너무 긴장하지도, 너무 긴장을 풀지도 말고 적당히 긴장한 상태에서 문제를 풀어야 한다.

8. 시험 끝나기 5분 전까지 푼 문제만 틀리지 않게 조심해서 답안을 작성하고, 못 푼 문제는 나머지 5분 동안 찍자. 너무 일찍 찍으면 괜히 혼란스러울 뿐이다. 나중에 찍게 되면 답안지에 전체 답이 분포된 비율을 참고해서 찍을 수도 있다. 대개 보기의 답안 비율은 비슷한 편이니까.

9. 내가 어려운 문제는 남들도 어렵고, 내가 쉬운 문제는 남들도 쉽다. 애들은 잘 푸는 것 같은데 나만 못 푼다는 생각은 하지도 말자. 문제 쓱쓱 푸는 것처럼 보이는 애들 대부분 낙서하고 있는 거다.

10. 무엇보다도, 열심히 공부하자. *^^*

어쨌든
풀리는
수학!!

이해하기

'이해하기'는 해당 영역에 대한 여러 가지 생각들을 적은 **주절주절**, 진실인지 거짓인지 대답해 보는 **진실 게임**, 예시 문제가 있는 **예 좀 봐요**라는 세 파트로 나뉜다. 영역의 난이도나 성격에 따라 '진실 게임' 파트나 '예 좀 봐요' 파트가 없는 경우도 있다.

'주절주절' 파트에서는 설명하고 싶은 부분이나 이해가 필요한 부분에 대해 말하듯 생각을 적어 나갔다. 꼭 필요하다 하더라도 모든 참고서에 똑같이 나와 있는 내용은 가급적 넣지 않으려 했다.

두 번째 파트인 '진실 게임'은 해당 영역을 완전히 이해하지 못했거나, 뭔가 혼란스럽다면 쉽게 답할 수 없을 것이다. 문제를 맞히려는 생각보다는, 문제와 설명을 읽고 그 내용을 파악하는 것을 목적으로 하는 게 좋다.

세 번째 파트인 '예 좀 봐요'는 해당 영역에 대한 지식을 테스트하기 위한 예시 문제를 담고 있다. 이 문제 역시 쉽지는 않지만, 도전한다는 마음으로 풀어 보면 좋을 것이다.

수학에도 암기는 필요하다. 공식을 외우지 않으면 풀 수 없는 문제도 있다. 하지만 암기보다 중요한 것은 수학적인 사고를 가지고 문제를 이해하는 것이다. 이해하지 못하면 1시간 동안 온갖 방법을 동원해도 풀리지 않는 문제를, 이해만 한다면 보조선 하나를 그어 1분 만에 풀 수도 있다. 이해(理解)한다는 것은 이해하지 못하는 사람에게는 어쩌면 기적과도 같은 일일 것이다. 여러분에게도 그 기적이 함께 하기를 바라며, 시작하자!

둘
다시
하나 집합 이해하기

작은 하나 주절주절

대부분 집합 단원은 쉽게 생각하는데, 사실 자세히 들여다보면 많이 헷갈리는 부분이기도 해. 특히 집합의 개념이 그렇거든.

자, 우선 집합이라는 걸 머리 속에 그릴 때 이렇게 생각해 봐.

"집합 표시는 집합 표시 안에 있는 원소들을 포장해 놓은 걸 뜻한다!"

이를테면, 사과와 배를 과일 바구니에 싸놓은 것을 {사과, 배}라고 부른다는 거지. 그리고 포장에 이름표를 써서 붙여 봐. {사과, 배}에 *내일 아침에 먹을 과일*이라는 이름표를 붙여 보면, 아래와 같이 되는 거지.

내일 아침에 먹을 과일 = {사과, 배}

즉, 내일 아침에 먹을 과일이라는 건 집합 {사과, 배}의 이름이 되는 거야. 그리고 그 포장 안에 들어 있는 내용물을 각각 그 집합의 원소라고 하는 거지. 다시 말해서, 뭔가를 포장해서 부를 때 그 이름이 집합의 이름이고, 포장해 놓았다는 그 느낌이 바로 집합의 개념이야. 그럼 중요한 게 포장이겠어, 그 포장 안의 내용물이겠어? 당연히 내용물이잖아. 마찬가지로 집합의 이름 자체는 단순히 이름표인 셈이고, 실제로 중요한 것은 그 이름을 가진 집합 안의 원소라는 거지.

〈집합〉

이런 식으로 $A=\{1, 2, 3, 4\}$를 생각해 보면, 1, 2, 3, 4라는 숫자를 포장하고 밖에 A라는 이름표를 붙여 놓은 거잖아. 그러면 그냥 { }만 있으면 무슨 뜻일까? 그냥 포장만 해놓은 게 되겠지? 안에 아무것도 없는 빈 포장지. 이렇게 포장 안에 아무것도 없는 걸 공집합이라고 부르기로 하자. 참고로 공집합은 { } 말고, ϕ으로도 적어. 그냥 빈 집합 표시만 하면 헷갈리니까.

자, 집합을 포장이라고 생각하면 {감자}와 {{감자}}가 같은 게 아니라는 것쯤은 바로 알 수 있을 거야. 감자를 한 번 포장한 거랑 두 번한 거랑 다르니까. 그럼 {감자}의 원소는 그냥 감자고, {{감자}}의 원소는 {감자}라는 것도 이해가 돼? 포장 안에 들어 있는 내용물이 뭐든간에 그게 원소니까, 포장 안에 포장을 해놓은 감자가 들어 있든, 그냥 감자가 들어 있든 한 번 포장을

{감자}　　　　　　{{감자}}

벗긴 내용물이 원소라는 거지.

자, 이번에는 부분집합에 대해서 생각해 보자. 여기도 마찬가지로 포장의 개념을 생각하면 좀 쉬울 거야. 예를 들어 볼게. A라는 집합이 원소로 1, 2, 3을 가진다고 하자.

$$A = \{1, 2, 3\}$$

이때 이 집합의 부분집합이 될 수 있는 집합을 모두 만들어 보자. 부분집합이라는 건, 하나의 집합 안에 있는 원소를 이리저리 모아서 다시 만든 집합을 말해. 포장되어 있는 걸 뜯고 그 내용물을 이용해서 다시 포장하는 거지. 1, 2, 3이라는 원소를 조합해서 부분집합을 만들어 보면 다음과 같이 되겠지.

$$\{1\}, \{2\}, \{3\}, \{1, 2\}, \{1, 3\}, \{2, 3\}, \{1, 2, 3\}$$

근데 여기서 빼먹지 말아야 할 것이 공집합이야. 포장 안에 분명히 공간이 남아 있을 거구, 그 빈 공간도 어떻게 보면 포장 안의 내용물이니까 그걸 포장했다고 생각하면 이해가 될까? 다시 말해서, 어떤 포장도 안에 공간이 있으니 공집합은 모든 집합의 부분집합이 된다는 거야. 어떤 집합도 자기 자신과 공집합은 부분집합으로 가지게 돼. 당연한 것 같아도 이게 막상 문제로 나오면 헷갈린다니까.

마지막으로 벤 다이어그램(Venn diagram)과 원소 넣는 것에 대해 얘기해 줄게. 집합에서 나올 수 있는 문제는 집합의 개념을 묻거나, 집합의 포함 관계를 물어 보는 문제가 대부분인데, 개념에 대해 물어 보는 건 위에서 말한 개념들을 확실하게 이해하고 있으면 그리 어렵지 않게 풀 수 있을 거야. 포함 관계를 묻는 문제는 나왔다 싶으면 무조건 벤 다이어그램을 그리고 난 다음에 그림에 구체적인 원소를 집어 넣어봐. 이를테면 A와 B의 관계를 묻는 문제의 경우에는 다음 그림처럼 생각해 봐.

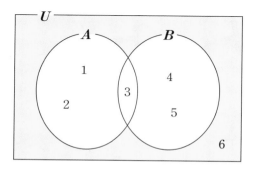

이렇게 그림을 그리고 각 영역마다 대충 숫자 넣고 나서 생각하라 이거지. 훨씬 생각하기 편할 거야. 당연하다고 생각하면서도 막상 문제 풀 때는 안 하기 쉬운데, 잊지 말고 꼭 해. 꼭! 포함 관계 묻는 문제는 벤 다이어그램!

작은 둘 진실 게임

1. 모든 집합 중 부분집합을 단 하나만 가지는 집합은 없다.

> **거짓** { }의 부분집합은 { }뿐이다. 부분집합을 하나만 가지는 집합으로 딱 하나, 공집합이 존재한다. 그러므로 모든 집합이 부분집합을 2개 이상 가진다는 건 거짓.

2. 집합은 다른 집합의 원소가 될 수 있다.

> **진실** 집합이더라도 다른 집합의 집합 기호 안에 들어 있으면 그 집합의 원소로 본다.

3. 1은 $A = \{1, 2, 3\}$의 원소다.

> **진실** $A=\{1, 2, 3\}$니까 당연히 진실이다.

4. 1은 $A = \{1, 2, 3\}$의 부분집합이다.

> **거짓** 1은 집합이 아니다. 집합이 되려면 { } 안에 들어 있어야 한다. 포장되지 않은 건 집합이 아니다.

5. {1}은 $A = \{1, 2, 3\}$의 원소다.

> **거짓** 헷갈리기 쉽지만, 1과 {1}은 다르다. 포장한 거랑 안 한 거랑 다른 것처럼.

6. {1}은 $A = \{1, 2, 3\}$의 부분집합이다.

> **진실** 부분집합은 집합의 원소를 모아 다시 집합으로 만든 것이다.

7. 1은 $B = \{\{1\}, 2\}$의 원소다.

> **거짓**   1은 없다. {1}이 있을 뿐.

8. {1}은 $B = \{\{1\}, 2\}$의 원소다.

> **진실**   {1}이 B 안에 정확하게 들어 있으니까. 1이랑 {1}은 다른 거라는 사실만 명심하면 된다.

9. {1}은 $B = \{\{1\}, 2\}$의 부분집합이다.

> **거짓**   이것이 가장 헷갈리기 쉬운 부분이다. 부분집합은 원래 집합의 원소를 모아서 다시 포장한 것이기 때문에 {1}을 가지고 부분집합을 만들려면 원래 포장이 되어 있든 말든 다시 한번 싸주어야 한다. 즉, {{1}}은 B의 부분집합이 되지만, {1}은 부분집합이 아니다. 단지 B의 원소일 뿐.

작은 세 **예 좀 봐요**

Q₁ $B = \{\{1\}, 2\}$의 모든 부분집합은?

| ANSWER | { }, {{1}}, {2}, {{1}, 2}

공집합을 빼먹지 않고, 1과 {1}이 다르다는 것만 확실하게 이해하고 있으면 그리 어렵지 않을 것이다.

Q₂ 전체집합 U에 속하는 집합 A, B에 대해 $(A \cup B) \cap (A - B)^C$에 언제나 포함되는 집합은?

① A　　② B　　③ A^C　　④ B^C　　⑤ U

| ANSWER |　② B

벤 다이어그램을 그려 풀어 보자. $(A \cup B) \cap (A-B)^C$에서 우선 $(A-B)^C$를 벤 다이어그램으로 그려 보면 빗금 친 영역이 $(A-B)^C$가 된다. 이 영역과 $(A \cup B)$의 교집합을 구하면 정답은 ②번 B가 된다. 아마 벤 다이어그램을 그려 문제를 푸는 것은 많이 해봤으리라 생각한다. 집합과 도형 관련 문제에서는 일단 그림을 그리고 푸는 것을 잊지 마라. 그리고 아래 그림과 같이 각 영역에 숫자를 적어서 풀어도 쉽게 풀 수 있다.

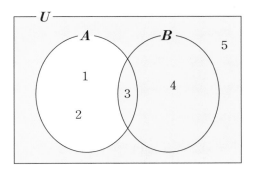

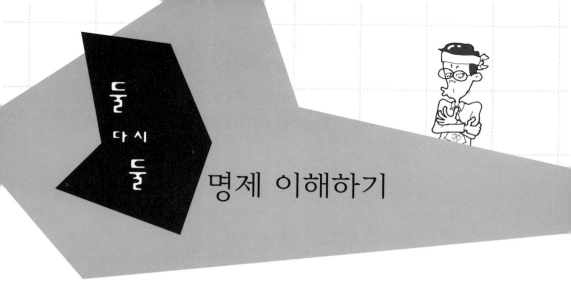

명제 이해하기

작은 하나 주절주절

　명제에서는 제일 헷갈리는 거 딱 하나만 짚고 넘어가자. 뭐냐구? 필요조건, 충분조건, 필요충분조건을 빼면 무슨 얘기를 하겠어. 이미 자기 나름의 노하우로 어떻게든 적용하는 방법을 알고 있는 사람도 많겠지만, 이런 조건 부분만 나오면 시험지 한 귀퉁이에 해바라기를 그리며 자기도피에 빠지는 학생들도 많을 거라 생각해. 뭐 나도 그랬으니까. 도대체 왜 필요라는 말과 충분이라는 말을 써서 헷갈리게 하는 건지. 뭔가 좀더 이해하기 편한 단어는 없었냐는 거야. 필요하니까 필요조건 아냐, 라고 생각하니까 헷갈리기만 하잖아. 아아악!

　자, 진정하고 일단은 정의부터 알아 보자.

- 명제 $p \rightarrow q$가 참일 때, p는 q이기 위한 충분조건, q는 p이기 위한 필요 조건이다.
- 명제 $p \rightarrow q$, $q \rightarrow p$가 모두 참일 때, p는 q이기 위한 필요충분조건, q는 p이기 위한 필요충분조건이다.

이게 원래 정의야. 근데 이거 읽어도 감이 잘 안 오잖아? 그래서 이렇게 외우면 편할 거야.

P가 참인 진리집합이 Q가 참인 진리집합을 포함하면 P는 Q의 필요조 건. (단, Q의 진리집합이 P를 포함하지 않을 때만. 만약 서로 포함하면 필요충 분조건.)

즉, $P \supset Q$라는 거야. P가 참이 되는 영역이 Q가 참이 되는 영역을 포함하면 필요조건이라 이거지. 포함의 'ㅍ'과 필요의 'ㅍ'이 같으니까, "ㅍ이면 ㅍ이다." 라고 외워 봐. 포함하면 필요조건, 이렇게 외우라구.

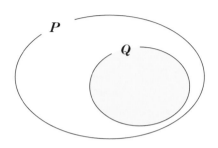

정리하는 의미에서, Q는 P의 필요조건이라는 걸 여러 가지 방식으로 표현해 보자.

$P \rightarrow Q$이다.
$P \subset Q$이다.
P는 Q의 부분집합이다.
P는 Q의 충분조건이다.

포함하면 필요조건, 그게 아니면 충분조건, 서로 포함하면 필요충분조건이라고 하면 돼. 꼭 기억할 것!

Q₁ 명제 $p(x)$: x는 2보다 큰 자연수, $q(x)$: x는 정수이다. 여기서 $p(x)$는 $q(x)$의 무슨 조건인가?

| ANSWER | 충분조건

$p(x)$가 참이 되는 영역(진리집합)이 $q(x)$의 진리집합을 포함하지 않는다. 반대로 $q(x)$의 진리집합이 $p(x)$의 진리집합을 포함하고 있다. $P \rightarrow Q$, $P \subset Q$. 포함하면 필요, 따라서 $q(x)$가 $p(x)$의 필요조건이고, $p(x)$는 $q(x)$의 충분조건이다.

Q₂ 명제 P : $x+y$는 정수이다. Q : x, y는 정수이다. 여기에서 P는 Q의 무슨 조건인가?

| ANSWER | 필요조건

P가 참이려면 $x+y$만 정수면 되니까 x, y가 정수면 당연히 되고, $x=1.5$, $y=-0.5$라고 해도 더하면 1이니까 성립된다. 즉, P의 진리집합이 Q를 포함한다. $Q \rightarrow P$, $Q \subset P$. 포함하면 필요조건, 그러니까 P는 Q의 필요조건이고, Q는 P의 충분조건이다. 다만 조심해야 할 건, 서로 포함하는지 아닌지의 여부다. 서로 포함하면 필요충분조건이라고 해야 하니까.

Q₃ 명제 $P : x$는 2의 배수 $Q : x$는 소수이다. 여기서 P는 Q의 무슨 조건인가?

| ANSWER | 아무 조건도 아님.

이 두 명제는 서로 포함 관계가 없다. P는 2, 4, 6, 8, 10⋯인데, Q는 2, 3, 5, 7⋯이므로 서로 포함하지 않는다. 이때는 아무 관계도 아니다. 서로 포함을 하든 포함이 되든 해야 필요조건이나 충분조건, 필요충분조건을 논할 수 있다.

Q₄ 명제 $P : |x| < 2$인 정수, $Q : x^2 = 1$에서 Q는 P의 무슨 조건인가?

| ANSWER | 충분조건

P를 만족하는 x의 진리집합은 -1, 0, 1이고 Q를 만족하는 진리집합은 -1, 1이므로 P가 Q를 포함한다. $Q \to P$, $Q \subset P$. 즉, P는 Q의 필요조건이고, Q는 P의 충분조건이다. 문제를 잘 보면 P가 아니라 Q의 조건을 물어 본 것이니 충분조건이라고 대답해야 한다. 언제나 문제를 잘 읽어 보고 실수하지 않도록 조심할 것!

Q₅ 명제 $P : x^2 - x - 2 < 0$을 만족시키는 정수 $Q : 2$ 이상의 어떤 자연수 n에 대해 $x^n = x$를 만족시키는 실수이다. 여기서 P는 Q의 무슨 조건인가?

| ANSWER | 필요충분조건

P를 풀어 보면 $(x-2)(x+1) < 0$이므로 $-1 < x < 2$다. 그럼 이 사이에 들어가는 정수는 0, 1이고 이것이 P를 참으로 만드는 x값들이다. Q를 보면, $x^n - x = 0$에서 $x(x-1)f(x) = 0$이다. $f(x)$가 뭐가 되었든지 n에 상관없이 0이 되려면 x는 0 또는 1. 그러니까 P와 Q의 진리집합이 같다. 따라서 서로 필요충분조건이 된다.

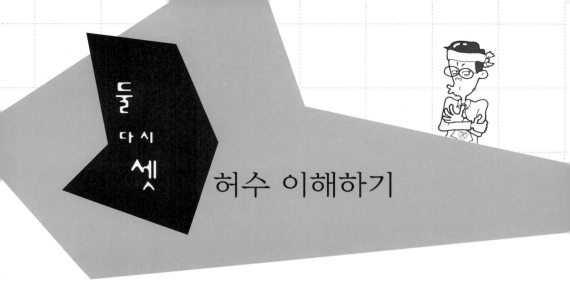

허수 이해하기

작은 하나 주절주절

수라는 것은 실수와 허수로 나눌 수 있다는 거 알고 있어? 정말 알아? 실수는 뭐고 허수는 뭐냐고 물어 보면 확실하게 대답할 수 있어? 실수는 실제로 있는 수고, 허수는 존재하지 않는 수라고? 음, 뭐 틀린 답은 아니지.

정확하게 말하면 허수, 즉 i란 $x^2+1=0$의 해를 말해. 이 방정식을 만족시키는 수는 현실에선 존재하지 않지만, 일단 해가 있다고 치고 이를 i라는 수로 부르자고 약속한 거야. 그래서 $i^2=-1$이라는 식 자체가 바로 허수의 정의라고 할 수 있어.

1. $\sqrt{2i}$ 는 무리수다.

> **거짓** 이거 $\sqrt{2}$ 가 무리수니까 왠지 $\sqrt{2i}$ 도 무리수 같겠지만, 무리수와 유리수는 실수에만 해당된다. i 가 루트 안에 있다고 해서 무리수는 아니다. 허수는 i 앞에 뭐가 붙든 허수라는 이름 하나뿐이다. 허수는 실수처럼 유리수, 무리수, 정수, 분수, 유한소수 등으로 구별하지 않는다. 허수는 그냥 허수일 뿐이다.

2. 허수와 가장 가까운 실수가 존재한다.

> **거짓** 그 어떤 실수도 허수와 비슷하게 나타낼 수 없다. 허수-실수와의 관계는 무리수-유리수의 관계와는 다르다. 유리수 중에는 무리수와 아주 아주 가까운 수, 즉 근사값이 존재한다. $\sqrt{2}$ 와 아주 비슷한 유리수로는 $1.414\cdots$ 가 있고 이것이 $\sqrt{2}$ 의 근사값이 된다. 하지만 실수 중에서는 허수와 조금이라도 비슷한 수를 찾을 수 없다. 아무리 찾아 봐도 제곱하면 0과 같거나 0보다 크게 되니 허수의 가장 기본적인 성질을 절대로 만족시킬 수 없다.

3. $i+i$ 는 i 보다 크다.

> **거짓** 그렇다고 작은가? 그것도 아니다. 하지만 같은 것도 아니다. 허수는 실제로 존재하지 않는 수이기 때문에 서로 비교할 수 없다. 그래서 크다 작다의 개념을 적용할 수 없다. 물론 복소평면상에서 $2i$ 가 i 보다 위에 있으므로 더 크다고 생각할 수 있지만.

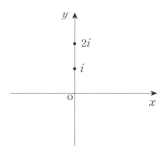

복소평면은 복소수 계산을 편하게 하기 위해 만들어 놓은 가상의 좌표계일뿐, $2i$ 가 i 보다 원점에서 더 멀리 있다고 해서 절대 더 큰 수를 의미하는 것이 아니다. 실수 그래프에서는 위치에 따라 대소 관계를 알 수 있지만, 복소평면에서 허수는 위치에 따른 대소 관계가 없다. 잊지 말 것! 허수는 비교할 수 없다.

4. 모든 허수는 서로 사칙연산이 가능하다.

진실   나눗셈을 생각하고서 함정이랍시고 0으로 나누는 경우 때문에 거짓으로 생각한다면 큰 오산이다. 모든 허수끼리므로 실수인 0은 허수에 포함되지 않아서 고려할 필요가 없다. 왠지 '모든'이라는 게 나오면 답을 말할 때 불안해지는 경향이 있는데, 맞는 건 맞는 거다. 허수라고 해도 사칙연산은 가능하다. 다만 비교가 불가능할 뿐이다.

Q1 $(2a-2)x+(a-3)i>1$을 만족하는 x의 최소값은? (단, x는 정수)

| ANSWER | 1

부등식에 허수가 들어 있다는 것은, 허수를 어떻게 해서든 비교하라는 뜻이 아니라 허수를 없애라는 의미다. 즉, 허수 부분이 없어져야 부등식을 계산할 수 있다는 것. 분명히 이 부등식을 만족하는 x가 있다고 했으니 부등식 계산을 할 수 있다는 소리고, 그럼 허수 부분을 없애야 하니 $a=3$이 된다. $a=3$을 넣으면 결국 $x>\frac{1}{4}$ 가 되고, x가 정수라고 했으니 이 부등식을 만족하는 x의 최소값이 1이 된다. 허수에 대한 정의를 잘 모르면, 이거 a와 x 둘 다 모르는데 어떻게 풀란 소리지? 하며 못 풀기 쉬운 문제다.

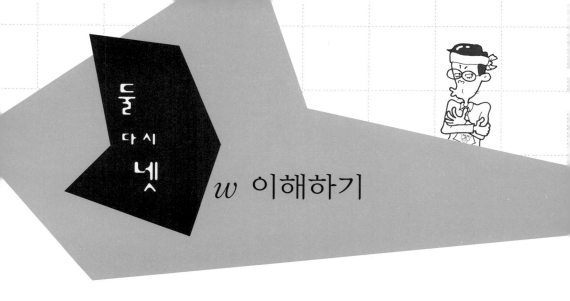

둘 다시 넷

w 이해하기

작은 하나 주절주절

수와 식 중에서 의외로 많이 나오는 문제가 w에 대한 거야. w가 뭔지
는 알지? $x^3=1$을 만족하는 한 허근, 즉 $x^2+x+1=0$을 만족하는 복소수
를 w라고 하잖아. $x^2+x+1=0$을 만족하는 허근을 계산해 보면
$x=\dfrac{-1\pm\sqrt{3}i}{2}$ 라는 답이 나오거든. w는 $\dfrac{-1+\sqrt{3}i}{2}$와 $\dfrac{-1-\sqrt{3}i}{2}$ 둘 다를 의
미해. 이 w라는 놈이 문제에 많이 나오는 이유는 워낙 다양하게 가지고 놀
부분이 많기 때문이야. 일단 w가 가지는 성질에 대해서 좀 살펴 보자.

57

첫째, $x^2+x+1=0$을 만족하니까 $w^2+w+1=0$도 만족하지?

둘째, $x^2+x+1=0$에 $(x-1)$을 곱하면 $(x-1)(x^2+x+1)=x^3-1=0$이 되고, w 또한 이 식을 만족하니까 $w^3-1=0$, 즉 $w^3=1$이라는 말씀.

셋째, $w^2+w+1=0$에서 양변을 w로 나누면 $w+1+\dfrac{1}{w}=0$이 되니까 $w+\dfrac{1}{w}=-1$이 된다는 것.

이 세 가지 성질을 이용하면 무궁무진한 문제들이 나오는 거야. 워낙 성질이 예쁘거든. $w^3=1$이니까 w^3을 제 아무리 여러 번 곱해도 역시 답은 1이 나오잖아. 즉, 아무리 어려워 보이는 고차식도 차수를 2차까지 줄일 수 있다는 것, 그리고 $w+\dfrac{1}{w}=-1$이니까 우변 제곱하면 $w^2+2+\dfrac{1}{w^2}$ $=1$이고, 결국 $w^2+\dfrac{1}{w^2}=-1$이 되어서 이걸 계속하다 보면 $w^{2n}+\dfrac{1}{w^{2n}}=$ -1이 되거든.

w를 계산하다 보면 꼭 흉측한 추녀의 탈을 쓴 미녀를 보는 듯한 느낌이 들어. 처음 볼 때는 너무 어렵고 이거 어떻게 푸나 싶어서 미워 보이는데, 막상 마음 잡고 풀어 보면 마술처럼 술술 풀려서 예뻐 보이거든. 잘 들어 봐. w를 이용한 식이라면 굉장히 복잡해 보이는 분수식이나 고차식도 저 세 가지 성질을 이용해서 간단하게 정리할 수 있어. 출제자들은 보기에는 복잡하고 어려워 보이지만 개념을 잘 파악하고 있으면 쉽게 풀 수 있는 문제를 선호해. 그래서 w를 이용한 문제가 시도 때도 없이 나오는 거구.

Q₁ 방정식 $x^3=1$의 한 허근을 w라고 할 때, 자연수 n에 대하여 함수 $f(n)$을 다음과 같이 정의한다.

$$f(n)=\frac{w^{2n}}{w^n+1}$$

이때, $f(1)+f(2)+f(3)+\cdots+f(20)$의 값을 구하시오. ['03]

| ANSWER | -11

이 문제는 2003년도 수능 문제다. w^{2n}이나 w^n 때문에 쫄지 말 것. w가 있고 차수가 높은 문제들은 정리하면 대부분 1, 2, 3차 정도의 식으로 반복되게 되어 있다. 일단 $f(n)$을 넣어서 쭉 써보자.

$$f(1)+f(2)+f(3)+\cdots+f(20)=$$
$$\frac{w^2}{w+1}+\frac{w^4}{w^2+1}+\frac{w^6}{w^3+1}+\frac{w^8}{w^4+1}+\cdots+\frac{w^{40}}{w^{20}+1}$$

여기서 $w^2+w+1=0$이니까 $w+1=-w^2$, $w^2+1=-w$라고 할 수 있다. 그리고 $w^3=1$이니까 위의 식을 다시 써보면 다음과 같다.

$$\frac{w^2}{w+1}+\frac{w^4}{w^2+1}+\frac{w^6}{w^3+1}+\frac{w^8}{w^4+1}+\cdots+\frac{w^{40}}{w^{20}+1}$$
$$=\frac{w^2}{-w^2}+\frac{w}{-w}+\frac{1}{2}+\frac{w^2}{-w^2}+\cdots+\frac{w}{-w}$$
$$=-1-1+\frac{1}{2}-1-1+\frac{1}{2}-1\cdots-1-1$$

즉, 3개씩 묶어 보면 다음과 같다.

$$f(1)+f(2)+f(3)=f(4)+f(5)+f(6)=\cdots=f(16)+f(17)+f(18)$$

그러므로 답은 $\left(-\dfrac{3}{2}\right)\times6-1-1=-11$이 된다. 이해되는가? 이 문제처럼, w를 이용한 고차식 계산은 $w^3=1$이라는 성질 때문에 n이 1, 2, 3일 때의 식이 고차식에도 계속 반복되는 경우가 많다는 것을 명심하자. 즉, w를 대입하고 몇 개의 식만 구해 봐도 전체식을 알 수 있는 경우가 많다.

Q₂ $W(n)=w^n$이라 할 때 $\sum\limits_{n=-100}^{100} W(n)$의 값은?

| ANSWER | -1

w가 들어간 문제들은 일단 하나씩 나열해 보면 답이 보이는 경우가 많다. 이것도 준식을 쭉 풀어서 적어 보자.

$$\sum_{n=-100}^{100} W(n)=\frac{1}{w^{100}}+\frac{1}{w^{99}}+\cdots+\frac{1}{w}+1+w+w^2+\cdots+w^{100}$$

$w+\dfrac{1}{w}-1$이라는 성질을 이용해서 제곱을 하면 $w^2+\dfrac{1}{w^2}-1$이고, $w^3=1$이니까 식을 다시 정리해 보면 이렇다.

$$준식=\frac{1}{w}+1+\frac{1}{w^2}+\cdots+\frac{1}{w^2}+\frac{1}{w}+1+w+w^2+1+\cdots+1+w$$

이렇게 하면 결국 $w+\dfrac{1}{w}+w^2+\dfrac{1}{w^2}+1+1=-1-1+1+1=0$이 되니까 모두 없어지고 남는 건 $\dfrac{1}{w}+w$밖에 없다. 따라서 답은 -1.

그런데 이 문제, 꼭 이렇게 풀어야 할까? 한방에 푸는 방법이 보이지 않는가? 이 문제가 어려워 보이는 이유가 분수가 있어서라면, 분수를 없애 버릴 수 있다. 즉, $w^{3k}=1$(단, k는 정수)를 이용해서 준식에 w^{99}를 곱해도 답은 변하지 않는다.

$w^2+w+1=w^2+w^1+w^0=0$을 이용해서

$$\sum_{n=-100}^{100}W(n)=w^{99}\times\sum_{n=-100}^{100}W(n)=\sum_{n=-1}^{199}W(n)=\frac{1}{w}+\sum_{n=0}^{199}W(n)=\frac{1}{w}+w=-1$$

이렇게 바로 답을 낼 수 있는 것이다. w가 들어간 문제들은 세 가지 속성, 그 중에서도 $w^3=1$이라는 사실을 계속 생각하면서, 수열은 몇 개의 항을 전개해 보고 복잡한 식은 차수를 2차식 이하로 낮추어 보면 답이 보인다. 복잡해 보이지만 의외로 쉬운 것이 대부분이므로 앞으로 나오면 꼭 맞히자!

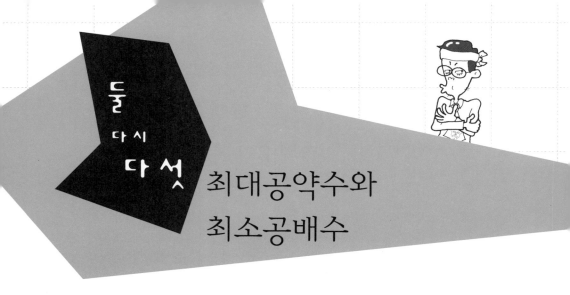

최대공약수와
최소공배수

작은 하나 주절주절

최대공약수랑 최소공배수는 중학교 때부터 계속 나온 거잖아. 20하고 8이 있을 때 두 수의 최대공약수는 4이고 최소공배수는 40인 거 설명 안 해 줘도 당연히 알고 있겠지? 음, 나의 믿음을 배신하지 말아줘. 설마…….

그렇지? 그래도 말 나온 김에 우리 중학교 때로 돌아가 보자. 그때 최소 공배수를 어떻게 구했었지? 예를 들어, 6과 9의 최소공배수를 구할 때 지금 이야 너무 익숙해져서 그냥 $6 = 2 \times 3$, $9 = 3^2$ 이니까 최소공배수는 $2 \times 3^2 = 18$이라고 계산하겠지만, 예전에 배울 때는 말야.

"자, 여러분~ 여기를 보세요. 우리 최대공약수와 최소공배수를 배워 볼 까요? 6과 9의 최소공배수를 같이 한번 구해 봐요. 어머머, 거기 졸고 있는

착한 학생, 앞으로 나와 불편한 자세 좀 취해 볼래요? 요새 타격감이 좀 안 좋더니…… 미안해요, 어제 큐대가 부러져서 오늘은 철근으로 대신 할게요. 퍼흑! 퍼흑! 퍼흑! 어무이! 퍼흑!"

이러면서 칠판에 다음과 같이 적어 놓았었지.

6의 배수=6, 12, <u>18</u>, 24, 30, 36, 42…
9의 배수=9, <u>18</u>, 27, 36…

둘의 공통된 배수 중 제일 작은 게 18이니까 이게 최소공배수라고 배웠잖아. 기억나?

같은 방법으로 다음과 같이 되니까 공통된 약수 중에 제일 큰 약수는 5, 그래서 최대공약수는 5라고 배웠잖아.

20의 약수=1, 2, 4, <u>5</u>, 10, 20
45의 약수=1, 3, <u>5</u>, 9, 15, 45

그리고 소인수분해, 인수분해 등 인수를 이용할 때가 많은데, 인수의 의미 알고 있어? 배운 기억은 나? 배웠더라도 까먹은 사람들 꽤 있을걸. 인수라는 건, 어떤 수 a를 $a=b \times c$로 나타낼 수 있을 때 b와 c를 지칭하는 이름이야. 다항식도 마찬가지인데, 다항식 $f(x)$를 $f(x)=g(x) \times k(x)$로 나타낼 수 있을 때 $g(x)$와 $k(x)$를 인수라고 부르지. 그래서 인수분해라는 건 하나의 다항식을 둘 이상의 다항식의 곱으로 나타내는 걸 의미해. 소인수분해는 어떤 수를 소수로만 구성된 인수의 곱으로 나타내는 걸 얘기하는 거구. 즉, $8=2\times4$라고 하면 8을 인수분해한 거지, 소인수분해한 건 아냐. 소인수분해를 하면 $8=2^3$이 되겠지. 다항식은 왜 소인수분해를 안 하고 인수분해만 하냐구? 다항식을 어떻게 소수인지 아닌지 판별하겠어. 변수에 따라 값이 틀려지는데 말이야.

서로 소라는 개념도 알고 있지? a와 b가 서로 소라고 하면 a와 b의 최대공약수가 1이라는 소리야. 다시 말해서, 1 외에는 공통된 약수가 없다는 뜻이지. 소수는 자기 자신이 아닌 다른 모든 수와 서로 소 관계야.

최대공약수나 최소공배수를 묻는 문제에서는 다항식에 관련한 문제를 물어 보는 경우도 많아. 다항식의 최대공약수, 최소공배수 개념도 숫자로 할 때랑 똑같아. 공약수 중에 가장 차수가 높은 수를 최대공약수라 하고 공배수 중에서 가장 차수가 낮은 수를 최소공배수라 하지. 다만 다항식의 최대공약수, 최소공배수를 얘기할 때는 숫자로 된 인수는 무시한다는 것만 틀려.

$$2x^3-2x^2-2x+2=2(x-1)(x^2-1)=2(x-1)^2(x+1)$$
$$4x^4-4=4(x+1)(x-1)(x^2+1)$$

위와 같다고 해도 최대공약수를 $2(x-1)(x+1)$라 하지 않고 그냥 $(x-1)(x+1)$라고 해야 해. 이거 잘못하면 실수하기 쉬우니까 조심해.

두 다항식 $f(x)$와 $k(x)$의 최대공약수를 $G(x)$, 최소공배수를 $L(x)$라고 할 때 다음 식을 알아 두면 좋아.

$$f(x)k(x)=G(x)L(x)$$

증명해 볼까? 우선 $f(x)=G(x)a(x)$, $k(x)=G(x)b(x)$라고 할 수 있겠지. $a(x)$와 $b(x)$는 등식을 만족시키는 서로 소인 임의의 식이라고 하자구. 그러면 $L(x)$는 두 식의 공통된 배수니까 $L(x)=a(x)b(x)G(x)$인 거 이해가지? 따라서 다음 식이 성립한다는 걸 알 수 있잖아.

$$G(x)L(x)=G(x)a(x)b(x)G(x)=f(x)k(x)$$

소수인지 아닌지 쉽게 구별하는 법을 알아 보자. 소수가 뭔지는 알지? 1과 자기 자신 외에는 공약수를 가지지 않는 2 이상의 자연수를 소수라고 해. 왜 굳이 2 이상인가 하면, 1은 소수가 아니거든. 1을 소수라고 해버리면 계산할 때 많은 문제들이 발생하기 때문에 2부터 소수라고 하기로 했대.

자, 그럼 한번 생각해봐. 짝수는 모두 2의 배수지? 그럼 짝수는 어쨌든 2라는 약수를 가지게 되는 거니까 소수가 아냐. 따라서 모든 소수는 홀수야. 이걸로 끝이냐구? 설마. 물론 자연수 전체의 반을 들어 내긴 했지만 이 정도 가지고 쉽게 구하는 법이라고 얘기할 수 없지. 자, 이 정의를 한번 봐.

1보다 큰 자연수 n에 대해서 $\sqrt{n}$보다 작거나 같은 모든 소수가 n을 나누지 않으면 n은 소수이다.

무슨 말인지 잘 모르겠지? 실제로 해보면 바로 알 수 있어. 자, 37이 소수인지 아닌지 보자. $\sqrt{37}$보다 작거나 같은 자연수는 6이지. 그럼 6 이하의 소

수는 2, 3, 5야. 37은 2, 3, 5로 나누어 떨어지지 않아. 그러니까 소수야. 다른 것도 해볼까? 261이 소수인지 아닌지 한번 테스트해 보자. $\sqrt{261}$에 제일 가까운 자연수는 16이야. 그럼 16 이하의 소수는 2, 3, 5, 7, 11, 13인데 261은 3으로 나누어 떨어지니까 소수가 아냐. 맞지? 소수인지 아닌지를 조금 더 쉽게 아는 법은 외워 두면 꼭 써먹을 데가 있을 거야.

작은들 진실 게임

1. 6과 9의 최소 공약수는 1이다.

진실 잠깐! 꼬투리 잡을까봐 미리 얘기하는데, 이거 오타난 거 아니다. 공약수에 최대 공약수만 있고 최소공약수가 없으라는 법이 어디 있는가. 생각해봐. 두 수의 최소공약수는 1이다. 6과 9의 공약수 중에서 제일 작은 걸 고르면 1이니까. 그리고 최대공배수는 ∞다. 6과 9를 이용해서 계속 곱해 나가면 언젠가 무한이 될 테니까 최대공배수는 ∞가 되는 것이다. 그러면 왜 최대공약수와 최소공배수만 배우느냐 하면, 없으니까 못 배우는 것이 아니라 어떤 수든 최소공약수는 언제나 1이고, 최대공약수는 언제나 ∞이므로 너무 당연해서 안 배우는 것뿐이다.

2. 어떤 수를 소인수분해한 결과와 서로 소인 약수로 인수분해한 결과는 같다.

거짓 조금만 생각해 보면 답이 나온다. 56을 소인수분해하면 $56 = 2^3 \times 7$이지만 서로 소인 약수로 인수분해했을 때는 $56 = 8 \times 7$이라고 할 수 있다. 물론 21 같은 수야 소인수분해한 결과와 서로 소인 약수로 인수분해한 결과가 $21 = 3 \times 7$로 같겠지만, 일반적으로는 다르다고 봐야 한다.

작은 셋 **예 좀 봐요**

Q₁ 두 다항식 $f(x)$, $k(x)$가 있다. 두 다항식의 최대공약수를 $G(x)$, 최소공배수를 $L(x)$라 할 때 $\dfrac{f(1)+k(1)}{G(1)L(1)}$의 값은?
(단, $f(1) = 2$, $k(1) = 1$)

| ANSWER | $\dfrac{3}{2}$

$f(x)k(x) = G(x)L(x)$만 알고 있으면 바로 풀리는 문제다. 모르면 좀 어렵게 보일 수도 있고.

$$\frac{f(1)+k(1)}{G(1)L(1)} = \frac{f(1)+k(1)}{f(1)k(1)} = \frac{1}{k(1)} + \frac{1}{f(1)} = \frac{3}{2}$$

Q₂

두 수 A와 B의 최대공약수를 G, 최소공배수를 L이라 할 때 A와 L의 최대공약수는? G와 L의 최대공약수는? B와 G의 최소공배수는?

| ANSWER | A, G, B

이 문제 보고 조금이라도 헷갈려한다면 개념을 확실히 이해하지 못하고 있다는 거다. A와 B의 공배수라는 건 A의 배수와 B의 배수 중에서 같은 수를 얘기하는 것이고, 최소공배수는 그 배수 중에서 가장 작은 수를 의미하는 거니까 당연히 L은 A의 배수가 된다. 즉, 최대공약수는 A다. 그리고 L은 A의 배수니까 당연히 G의 배수도 된다. 즉, G와 L의 최대공약수는 G다. 그리고 B가 G의 배수이기 때문에 B와 G의 최소공배수는 B가 된다.

Q₃

두 자연수 a, b의 최대공약수를 G, 최소공배수는 L이라 할 때 $a+b=L+G$를 만족한다. 이때 (a, b)에 속하는 순서쌍은? (단, $b>a$)

① $(3, 4)$ ② $(4, 6)$ ③ $(2, 4)$ ④ $(5, 8)$ ⑤ $(6, 9)$

| ANSWER | ③ $(2, 4)$

두 수를 최대공약수로 나누었을 때 나오는 몫을 a', b'라 하면(a', b'는 서로 소) 다음과 같은 식이 성립한다.

$a=a'G$, $b=b'G$, $L=a'b'G$

그러면 아래와 같이 된다.

$a+b=a'G+b'G=(a'+b')G$
$L+G=a'b'G+G=(a'b'+1)G$

$a+b=L+G$라고 했으니 대입해 보면 $(a'+b')G=(a'b'+1)G$가 되고 최대공약

수는 0이 될 수 없으니까 양변을 G로 나누어 $a'+b'=a'b'+1$이 된다. 정리해 보면 다음과 같다.

$$a'+b'-a'b'-1=0$$
$$(a'-1)(1-b')=0$$

이때 자연수 조건에서 $b>a$니까 b'는 1이 될 수 없고, 따라서 $a'=1$이 된다. 그럼 $a=a'G=G$가 되니까 순서쌍 중에서 a가 b의 최대공약수가 되는 걸 찾으면 답은 ③ $(2, 4)$이다.

어차피 다 풀고 났으니까 하는 소린데, 이 문제는 이렇게 풀면 어려우니까 그냥 대입해서 풀어도 된다. 2와 4의 최대공약수는 2고 최소공배수는 4이므로 바로 $a+b=L+G$가 성립하는 것을 알 수 있다.

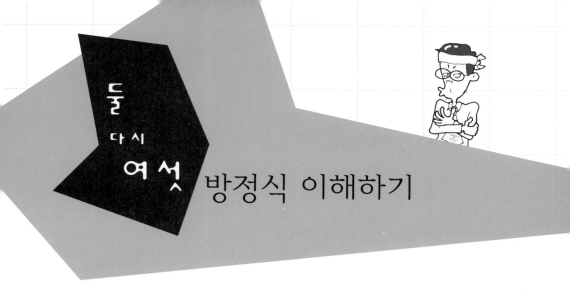

둘 다시 여섯 방정식 이해하기

작은 하나 주절주절

방정식 가지고 뭐 설명할 게 있냐 싶겠지만, 원래 모든 문제를 풀려면 방정식이 제일 기본이 되어야 함은 당연한 것. 물론 일차방정식이야 다 풀겠지. $3x=5$에서 x가 뭐냐고 물어 보는 문제는 수학이 아니라 산수니까. 근데 이차방정식은 좀 어렵지? 뭐가 어렵냐고? 그냥 근의 공식에 때려 넣으면 답 나오는걸. 글쎄? 과연 그럴까? 그럼 우선 근의 공식이라는 것부터 알아 보자.

근의 공식은 소위 '공식의 왕' 이라고 할 수 있어. 근의 공식 위에 근의 공식 없고, 근의 공식 밑에 근의 공식 없다고 할 정도로 고등학교 수학에서 빼놓을 수 없는 공식이 바로 근의 공식이야. 지금 옆에 있는 친구 아무나 붙잡고 물어 봐, 근의 공식 아니냐고. 아마 두 눈에 분노를 가득히 담고 침을 튀기며 외칠걸. "야! 내가 아무리 몰라도 근의 공식은 안다 ! 누굴 XX로 아냐!!"

그래! 고등학생으로서 근의 공식도 모르면 XX에 XXX 취급 받아도 싸지.

근의 공식을 제대로 적어 보면, 이차방정식의 근을 구하기 위해 계수를 사용하여 풀어낼 때 쓰는 공식으로 다음과 같아.

$$ax^2 + bx + c = 0 \text{일 때,} \ (\text{단, } a \neq 0)$$
$$x = \frac{-b \pm \sqrt{b^2 - 4ac}}{2a}$$

또는

$$ax^2 + 2mx + c = 0 \text{일 때,} \ (\text{단, } a \neq 0)$$
$$x = \frac{-m \pm \sqrt{m^2 - ac}}{a}$$

근의 공식은, 물론 이차방정식의 근을 구할 때 사용하지만, 이것보다도 근의 공식 안에 있는 판별식을 이용해서 근의 개수와 존재 여부를 파악하는 데 더 많이 쓰여. 또 근 자체를 구할 때는 위에 있는 공식보다는 $b = 2m$이 될 때 쓸 수 있는 아래 공식이 더 많이 나오고, 더 편하게 사용할 수 있어. 약분하는 과정 하나가 줄어드니까.

근의 공식 자체를 물어 보는 문제는 거의 나오지 않지만, 근의 공식을 사용할 때 조건인 x^2의 계수가 0이 아니어야 한다는 것이 문제로 등장할 수도 있어.

$$ax^2 + bx + c = 0$$이 갖는 근의 개수는?

이를테면 위의 문제는 a, b, c의 조건이 주어져 있지 않으니까 이렇게 풀어야 해. $a = b = c = 0$일 때는 모든 실수, $a = b = 0$, $c \neq 0$일 때는 근이 없고, $a \neq 0$일 때는 근의 공식, 그리고 $a = 0$, $b \neq 0$, $c \neq 0$일 때는 $x = -\dfrac{c}{b}$야. 모든 문제에서 적용되는 조건이지만, 분수 다항식의 경우에는 분모를 0으로 만드는 조건을 꼭 생각해야 하는 거지. 이를테면 다음 문제를 봐.

$$(a^2 - 2a - 8)x^2 + (3a - 6)x + 3 = 0$$

이렇게 식이 문제를 풀어 나오는 과정이라면, $a = 2$, 4일 때 x^2의 계수가 0이 되니까 근의 공식을 사용할 수 없어. 'x가 근이 하나만 나오도록 하는 a의 개수는?' 같은 문제라면, 판별식을 써서 x가 중근이 되는 a의 개수(판별식을 한 번 더 사용해야 한다), 그리고 x^2의 계수를 0으로 만드는 a의 개수를 더해 주어야 해.

자, 여기서 판별식 이야기로 넘어가 볼까? 판별식의 중요성을 말하자면, 고등학교 수학시간에 매일 잠을 잤어도 꿈에서라도 알아야 할 내용이라고 할까. 어떻게 보면 근의 공식보다도 더 많이 쓰이는 공식이 판별식이니까.

판별식의 공식 자체는 아주 간단해. a, b, c가 실수라 하고 $a \neq 0$이라 할 때, 다음이 판별식이야.

$ax^2+bx+c=0$이면,

$b^2-4ac>0$일 때 두 실근을 갖고,

$b^2-4ac=0$일 때 중근을 갖고,

$b^2-4ac<0$일 때 두 허근을 갖는다. (즉, 실근을 갖지 않는다)

$ax^2+2mx+c=0$이면,

$m^2-ac>0$일 때 두 실근을 갖고,

$m^2-ac=0$일 때 중근을 갖고,

$m^2-ac<0$일 때 두 허근을 갖는다.

그런데 별거 아닌 것 같은 이 판별식이 왜 그렇게 중요하냐면, 우선 그래프 문제에서 이차그래프가 x축에 접한다느니, 두 점에서 만난다느니, 만나지 않는다느니, 하는 것을 판별할 때 쓰이고, 삼차, 사차방정식에서도 인수분해한 식 중 일부가 이차식일 때 적용할 수 있기 때문이야.

이제 두 근의 합과 곱 공식을 생각해 보자. 이차방정식 $ax^2+bx+c=0$이 두 근 α, β를 가질 때 $\alpha=\dfrac{-b+\sqrt{b^2-4ac}}{2a}$, $\beta=\dfrac{-b-\sqrt{b^2-4ac}}{2a}$ 라 하면, $\alpha+\beta=-\dfrac{b}{a}$, $\alpha\beta=\dfrac{c}{a}$ 가 되는 건 대부분 알고 있을 거야. 이 두 근의 합과 곱 공식을 자주 쓰는 이유에는 두 가지가 있어.

우선 첫 번째 이유는, 이차방정식의 계수만 가지고도 두 근의 합과 곱을 통해 거의 계산하지 않고 두 근의 정체를 어느 정도 파악할 수 있기 때문이야. 두 근이 모두 양수라면 두 근의 합도 양수, 두 근의 곱도 양수가 되잖아.

두 근이 모두 음수라면 두 근의 합은 음수, 곱은 양수가 되고. 두 근 중 하나가 양수, 하나가 음수라면 두 근의 합은 어떻게 될지 알 수 없지만, 두 근의 곱은 음수가 되지. 하지만 이 생각의 역은 성립하지 않아. 두 근의 합과 곱이 모두 양수라고 해서 두 근이 양수라고 단정지을 수 없어. 이를테면, $x^2 - x + 1 = 0$의 경우, 두 근의 합과 곱이 모두 양수지만 실제 두 근은 허수가 되잖아.

두 번째 이유는, $\alpha + \beta = -\dfrac{b}{a}$, $\alpha\beta = \dfrac{c}{a}$ 에서 $\alpha^2 + \beta^2$, $(\alpha - \beta)^2$, $\alpha^3 + \beta^3$, $\dfrac{1}{\alpha} + \dfrac{1}{\beta}$ 등 많은 변형식의 계산이 가능하기 때문이야. 출제자 입장에서는 아주 깔끔하게 두 번을 꼬아서 문제를 낼 수 있기 때문에 출제하기도 편하거든.

작은 둘 예 좀 봐요

Q_1 $x^2 - ax - 3 = 0$ (단, $a > 0$)의 두 근이 모두 정수라고 할 때 a의 값은?

① 1 　　 ② 2 　　 ③ 3 　　 ④ 4 　　 ⑤ 5

주어진 방정식의 두 근을 α, β라 하면 $\alpha+\beta=a$, $\alpha\beta=-3$이 된다. 두 근이 모두 정수이므로, $\alpha\beta=-3$을 만족시키는 $(\alpha, \beta)=(-1, 3)$, $(1, -3)$, $(3, -1)$, $(-3, 1)$이 된다. 이때 $\alpha+\beta=a>0$이어야 하므로, $a=2$가 되어 답은 2가 된다.

Q₂　만약 $y=x^3-(2a-1)x^2-(a-2)x+a+2$인 삼차식이 있다고 할 때, 이 삼차식의 그래프가 x축과 단 한 번 만난다면 이를 만족하는 모든 정수 a의 합은?

일단 이런 문제는 인수분해가 되는지부터 확인해야 한다. 인수분해가 안 되면 미분을 하고 극소값을 구해서 그 값이 0보다 크다는 식으로 풀어야 하는데 좀 막막해진다. 걱정 말고 인수분해를 먼저 해봐라. $x=-1$을 넣으면 준식이 0이 되어 인수분해될 거라고 눈치챌 수 있어야 한다. 여기서 인수분해까지 가르쳐 줄 수는 없는 노릇이니 바로 눈치챌 수 없다면 더도 말고 인수분해 문제 100개만 빨리 풀고 여기서부터 다시 읽어 보는 게 좋다. 인수분해는 경험이 생명이다. 많이 풀어 볼수록, 다양한 문제를 접해 볼수록 더 빨리할 수 있게 된다.

어쩌다 인수분해 얘기로 잠깐 샜지만, 다시 돌아가서 위의 준식을 인수분해하면, $y=(x+1)(x^2-2ax+a+2)$가 된다. 여기서 $(x+1)(x^2-2ax+a+2)=0$이라는 방정식이 근을 몇 개 갖느냐 하는 것이 x축과 몇 개의 점에서 만나느냐 하는 것과 똑같은 얘기라는 건 알 거라고 믿는다. 그런데 깜빡 실수하기 쉬운 것이, 앞의 일차식에서 보면 이 그래프는 $x=-1$에서 무조건 x축이랑 만나게 되어 있다. 그러면 뒤에 이차식도 $x=-1$에서 중근을 가지면 전체적으로 x축이랑 만나는 점은 1개밖에 없으니까 이게 답이구나, 할 수도 있는데……. 그래, 여기까지는 좋다. 직접 해보자.

뒤의 이차식에 $x=-1$을 넣으면 $a=-1$이 나온다. 그럼 뒤의 식은 x^2+2x+1이

되니까 결국 $x=-1$이라는 한 점에서만 만나게 된다. 그러니까 $a=-1$이 답이구나, 해서 답안지에 $a=-1$이라고 쓰는 순간 점수는 날아가 버린다. 그럼 답이 뭐냐고 소리치기 전에, 뒤의 이차식이 허근을 가질 경우도 생각해 봐야 한다는 걸 살짝 알려주면 진정이 될까. 그러니까 $y=x^2-2ax+a+2$의 그래프가 x축이랑 아예 만나지 않으면 $y=(x+1)(x^2-2ax+a+2)$의 그래프는 $x=-1$에서만 x축과 만나게 될 테니 이것도 답이 된다. 즉, 뒤의 이차식에서 판별식을 사용하여, $a^2-(a+2)<0$일 때 문제의 조건을 만족한다는 소리다. 이걸 풀면 $-1<a<2$ 가 나오게 되어, 이 범위를 만족하는 a는 0, 1이 되니까 문제의 조건을 만족하는 a는 $a=-1$, 0, 1이 되어 모두 더하면 정수 a의 합은 0이 된다.

Q3
사차식 $x^4-2ax^2+b=0$이 실근을 갖지 않을 a, b의 영역은?

| ANSWER |　　$a^2-b<0$ 또는 $a^2-b>0$, $a<0$, $b>0$

우선 x^2이 허근을 가지면 되므로 $t=x^2$으로 치환하여 $t^2-2at+b=0$이라는 식의 판별식 $a^2-b<0$이 답이 된다. 여기서 주의할 것은 아직 영역이 하나 더 남아 있다는 사실이다. x^2이 음의 근을 가져도 실근을 갖지 않으므로, 즉 $t=x^2<0$일 때도 실근을 가지지 않으므로 $t^2-2at+b=0$이 두 실근을 갖되 두 실근이 모두 음수이면 사차식 $x^4-2ax^2+b=0$이 실근을 갖지 않게 된다. 따라서 두 근의 합이 0보다 작고 두 근의 곱은 0보다 크면 되므로 $a^2-b>0$, $a<0$, $b>0$도 답이 된다.

Q4
$x^2-ax+3=0$에서 두 근을 α, β라 할 때 $\alpha^2+\beta^2$의 최소값은?
(단, α, β는 실수)

① 3　　　　② 4　　　　③ 5　　　　④ 6　　　　⑤ 7

| ANSWER | ④ 6

우선 두 근이 실수이므로 판별식 $D=a^2-12\geqq0$에서 $a^2\geqq12$이 되고, $\alpha^2+\beta^2=(\alpha+\beta)^2-2\alpha\beta=a^2-6$에서 $\alpha^2+\beta^2\geqq6$이 된다. 정답은 6.

　위 문제를 조금 다르게 풀 수도 있다. α^2, β^2이 모두 양수이므로, 산술기하평균의 절대부등식을 사용해 보면 $\dfrac{\alpha^2+\beta^2}{2}\geqq\alpha\beta$가 된다. 이때 $\alpha^2+\beta^2$이 최소값을 가지려면 $\alpha^2=\beta^2$일 때 이므로, $\alpha\beta=3$, $\alpha+\beta=a>0$에 의하여 $\alpha=\beta=\sqrt{3}$일 때 최소값을 갖게 된다. 따라서 $\alpha^2+\beta^2$의 최소값은 6이 된다.

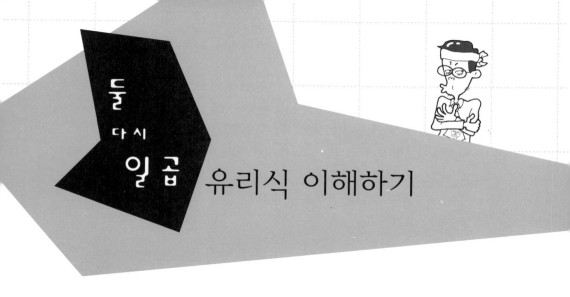

작은 하나 주절주절

   유리식에 대한 문제는 딱 한 가지만 확실하게 체크해도 대부분 맞힐 수
있어. 그 한 가지는 바로 분모가 0이 되지 않도록 하는 거야. '분모가 0이
되지 않도록 한다' 라는 너무나 당연하게 보이는 이 조건이 의외로 실수를
많이 유발하거든. 예를 들어, $x^2-x-2=0$이라는 식과 $\dfrac{x^2-x-2}{x-1}=0$이라
는 식이 있을 때, 두 식의 해는 모두 $x=2$, -1이야. 인수분해만 하면 아주
간단하게 풀리는 문제지만, 후자의 유리식에서는 꼭 그 해를 분모인 $x-1$
에 대입해서 0이 되는지 안 되는지 살펴봐야 해. 딱 보면 당연히 0이 안 되
니까 넘어가도 되지 않나 싶겠지만, 문제 풀이 과정의 필수 요소로서 버릇
처럼 익혀 놓지 않으면 중요할 때 꼭 실수를 하게 되거든. 게다가 지금처럼

아주 간단한 과정으로 문제를 풀 수 있다면 분모에 신경을 써야 한다는 걸 잊지 않을 수도 있지만, 복잡한 과정으로 풀어야 하는 유리식 문제에서는 그 복잡한 계산을 끝냈다는 것에 안도하고는 자칫 분모를 확인하지 않고 넘어가게 되는 경우가 많아.

작은둘 예 좀 <big>좀 봐요</big>

Q₁ $\dfrac{x^3+(1+a)x^2+(a-2)x-2a}{x-2}=0$이 서로 다른 양의 두 근을 가지기 위한 a의 범위를 수직선상에 나타냈을 때 선분의 개수는?

① 1개   ② 2개   ③ 3개   ④ 4개   ⑤ 5개

| ANSWER | ② 2개

우선 분자를 인수분해하면 $(x-1)(x+2)(x+a)$가 되므로, 근은 $x=1$, -2, $-a$ 가 된다. 이때 서로 다른 양의 두 근을 가지려면 $-a>0$, $-a\neq1$을 만족해야 한다. 따라서 a의 범위는 $a<-1$, $-1<a<0$이므로, 이를 수직선상에 나타내면 선분 하나와 직선 하나가 그려진다. 따라서 답은 1개. 풀이 끝!?

끝? 정말? 뭔가 걸리지 않는가. 계산에는 전혀 사용되지 않은 준식의 분모가 왠지

찝찝하지 않다면 앞으로 유리식 문제에서 많은 점수를 잃게 될 것이다. '식의 답이 x에 대한 것이면 분모를 0으로 만들지 않기 위해 x가 2가 되어서는 안 된다.' 라는 조건을 쉽게 잊지 않겠지만, 이 문제의 경우 a의 범위를 구하는 것이기 때문에 깜빡 잊어 버리기 쉽다. 준식의 세 근 $x=1$, -2, $-a$에서 $-a=2$가 되면 분자가 서로 다른 양의 두 근을 가지는 조건은 만족하지만 분모가 0이 된다. 따라서 위의 a 범위에서 $a \neq -2$가 되도록 범위를 수정해 주어야 하므로 최종적인 a의 범위는 $a<-2$, $-2<a<-1$, $-1<a<0$이 되어 선분이 두 개가 된다. 따라서 정답은 ② 2개. 언제나 확인! 꺼진 불도 다시 보자!

부등식 이해하기

작은 하나 **주절주절**

    부등식을 푸는 과정은 방정식을 푸는 과정에 부등호를 만족시키는 영역을 구하는 과정이 더해져 있다고도 볼 수 있어. 그래서 부등식을 잘 풀기 위해서는 방정식을 필수적으로 잘 풀어야 하고, 방정식을 잘 풀기 위해서는 인수분해를 빠르고 확실하게 할 수 있어야 해. 다시 한번 말하지만, 인수분해를 제대로 하지 못하면 방정식과 부등식을 푸는 게 불가능해. 산수의 기본이 사칙연산이듯, 방정식과 부등식의 기본은 인수분해야. 혹시라도 인수분해가 약하다고 생각한다면 지금이라도 최대한 많은 식을 인수분해해 보며 경험을 쌓는 것이 좋아.

부등식은 과정이 더 길고 생각해야 할 것이 많기 때문에 기본적으로 방정식을 푸는 것보다 어렵게 느껴지지. 게다가 부등식을 풀 때는 방정식을 풀 때 주의해야 하는 사항들과 더불어, 양변에 음수를 곱하면 부등호가 바뀐다는 사실을 잊지 말아야 해. 음수인지 양수인지 알 수 없는 식은 부등식의 양변에 곱해 줄 수가 없기 때문에, 분수식으로 된 부등식의 경우 분모를 제곱한 식을 양변에 곱해서 풀어야 하지. 그리고 분모가 0이 되는지 아닌지도 꼭 살펴봐야 하고.

부등식은 또한 그래프를 잘 이용해야 해. 0보다 큰지 작은지를 판단하는 데 좋은 방법은 그래프를 그려서 직접 눈으로 영역을 확인하는 거거든. 백문이불여일견이라! 그래프를 제대로 그리기 위해서는 미분을 통해 극값을 구하거나 각 축의 절편을 구하는 것이 필요하기 때문에 부등식 문제는 모든 영역을 통합해서 출제하기 좋은 부분이야.

부등식에는 범위 안의 수라면 변수에 어떤 수를 넣어도 성립하는 특별한 부등식이 존재해. 이런 부등식을 절대부등식이라고 부르지. 산술 · 기하 · 조화 평균을 이용한 부등식이나 코시 슈바르츠 부등식 등 여러 가지 어려운 절대부등식이 있지만, 가장 많이 쓰이면서 가장 쉬운 절대부등식은 바로 이 부등식이야.

$$f^2(x) \geqq 0$$

짠! 뭐 이런 걸 대단한 것처럼 말하나 싶겠지만, 대부분의 절대부등식을 정리하면 결국 어떤 식의 제곱이 언제나 0보다 크다는 것으로 증명되거든.

반대로 말하자면 절대부등식을 증명할 때는 우선 제곱식이 들어가도록 식을 정리해 보는 것이 좋아.

　부등식 영역에서 절대값이나 가우스 기호를 사용한 부등식 문제도 자주 출제되지. 절대값 부등식의 경우, 절대값 기호 안의 수식이 0보다 클 때와 작을 때를 나누어 생각해야 해. 절대값 기호가 하나만 들어간 경우에는 풀기 어렵지 않지만, 기호가 두 개 이상 들어간 경우에는 생각해야 할 영역의 조건이 늘어나기 때문에 어려워지지. 이럴 때는 가급적 위에서 말한 대로 그래프를 그려서 푸는 게 좋다는 사실!

작은둘 **예 좀 봐요**

Q₁ $\dfrac{x-1}{x+1} \geqq 0$을 만족시키는 x의 영역은?

| ANSWER |　$x < -1$, $x \geqq 1$

우선 양변에 부등호의 방향을 바꾸지 않는 식인 $(x+1)^2$을 곱해 주면 $(x-1)(x+1) \geqq 0$이 된다. 이 범위를 만족하는 x는 $x \leqq -1$, $x \geqq 1$이다. 여기서 또 주의할 것! 분수식에서 두 눈 뜨고 점수를 잃지 않기 위해 꼭 해야 할 일을 기억하는가? 분모

를 0으로 만드는지 확인해 볼 것. 해당 영역에서는 $x=-1$일 때 분모가 0이 되기 때문에 이를 제외해야 한다. 따라서 부등식을 만족하는 x의 영역은 $x<-1$, $x\geqq1$이 된다.

Q_2 $|x-1|+|x+1|>3$ 을 만족시키는 x 의 영역은?

| ANSWER | $x>\dfrac{3}{2}$, $x<-\dfrac{3}{2}$

$x>1$, $-1<x<1$, $x<-1$의 세 가지 영역에 대해,

$x>1$일 때 : $x-1+x+1>3$이므로 $x>\dfrac{3}{2}$ 이어야 하고, 이는 조건의 범위를 만족한다.

$-1<x<1$일 때 : $1-x+x+1=2<3$이기 때문에 만족하지 않는다.

$x<-1$일 때 : $1-x-x-1>3$이므로 $x<-\dfrac{3}{2}$ 이어야 하고, 이는 조건의 범위를 만족한다.

따라서 준식을 만족하는 x 의 범위는 $x>\dfrac{3}{2}$, $x<-\dfrac{3}{2}$ 가 된다.

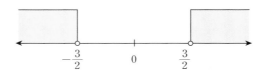

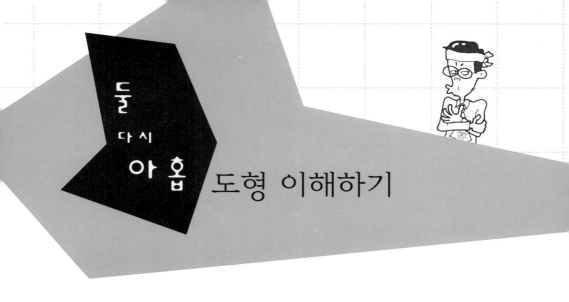

둘 다시 아홉 도형 이해하기

작은 하나 주절주절

도형 문제는 어렵게 느껴지는 경우가 많지. 수식을 수식으로 푸는 것이 아니라 도형을 보고 관련된 수식을 이끌어내는 과정이 필요하기 때문이야. 게다가 기본적인 도형의 특성을 이해하고 있지 못하면 그 수식을 이끌어낼 수조차 없거든. 하지만 반대로, 객관식 문제에서는 도형 문제만큼 찍기 쉬운 문제 유형도 없지. 일단 그림만 비슷하게라도 그릴 수 있다면 대충은 맞힐 수 있으니까. ㅋㅋㅋㅋ

도형 문제를 풀 때는 유연한 생각을 가지는 것이 아주 중요해. 대부분의 도형 문제는 여러 가지 방법으로 풀 수 있어. 도형의 방정식을 이용해서 풀 수도 있고, 도형을 그래프로 그려 해당 도형의 성질을 이용해서 풀 수도 있지. 아니면 주어진 도형을 원점이나 각 축에 접하도록 평행이동시켜 풀 수도 있고, 길이나 각도를 구하는 문제는 도형이 정확하게 그려진 경우라면 눈대중으로 찍을 수도 있어. 하지만 문제를 풀 수 있는 방법이 많다는 게 문제를 쉽게 풀 수 있다는 의미는 아니거든. 어떤 방법을 선택하느냐에 따라 같은 결과가 나오더라도 그에 걸리는 계산 시간은 엄청나게 달라질 수 있기 때문에, 도형 문제는 풀 수 있느냐 없느냐도 중요하지만 어떻게 하면 쉽고 빠르게 풀 수 있느냐도 아주 중요해.

도형 문제에서는 거리를 구하는 문제가 많이 나와. 도형에서 거리를 구한다는 건, 두 도형을 잇는 선분 중 가장 짧은 선분의 길이를 구한다는 뜻이야. 두 점을 잇는 선은 무한히 많지만, 그 선분의 길이 중 최단이라는 말을 사용하는 순간 단 하나의 길이만을 의미해.

직선의 방정식이야 모르는 사람이 없을 거라고 보고, 두 점이 주어지고 그 두 점과 한 점 P를 각각 이어 그 길이가 가장 가까운 점을 구하는 문제는 많이 봤지? 이건 두 점 중 한 점의 대칭점을 이용해서 구하면 돼. 그리고 두 직선 사이의 거리를 구하는 문제는 우선은 두 직선이 평행한지 아닌지를 확인해 보는 것이 좋아. 평행할 경우 어느 점에서 재든 거리는 같으니까 쉽게 구할 수 있거든.

원은 중심과 거리가 일정한 점들의 자취를 의미해. 원의 방정식은 $x^2+y^2=r^2$으로 쓰고, 여기서 r은 반지름을 의미하지. 원의 방정식은 대표적인 음함수 꼴이야. 음함수는 한 문자에 대해 정리되어 있지 않은 함수, 즉 $f(x, y)=0$과 같은 함수를 말하고, 양함수는 한 문자에 대해 정리되어 있는 함수, 즉, $y=f(x)$ 꼴의 함수를 말하거든. 그런데 원의 방정식은 하나의 x에 대해 두 개의 y가 대응되어 있어서 함수가 아니야. 함수는 정의역 하나에 공변역의 원소 하나가 대응되어야 하니까. 이렇게 원의 방정식은 함수가 아니라서 음함수라고 할 수는 없고 그냥 음함수 꼴이라고 하는 거야.

원의 중심과 반지름을 구하는 문제에서는 원의 중심이 원점이 되도록 모든 도형을 평행이동시킨 후 문제를 푸는 게 편해. 각 축에 대해 평행이동시킨 만큼이 원의 중심이 되고, 반지름은 평행이동으로 변하지 않으니까.

그리고 부등식의 영역 문제는 꼭 도형으로 그려서 풀어야 해. 그래프로 직접 보면 아주 쉽게 영역을 구할 수 있고, 징검다리식으로 영역을 정할 수 있으니까. 징검다리식이라는 건, $f(x, y)g(x, y)k(x, y) > 0$이라고 할 때, $f(x, y)=0$, $g(x, y)=0$, $k(x, y)=0$의 그래프를 그린 다음 아무 점이나 하나를 부등식에 대입해 보는 거야. 그래서 부등식이 성립하면 그 점이 들어 있는 영역에 색을 칠하고, 그 다음엔 그 영역과 선으로 맞닿아 있는 영역이 아닌 점으로 맞닿아 있는 영역에 색을 칠해. 그렇게 다 칠하고 나면 색칠한 부분이 바로 이 부등식을 만족시키는 영역이야. 징검다리처럼 하나 건너 하나라는 식으로 칠하면 되기 때문에 징검다리식 영역 그리기라고 이름 붙였지. 이건 한 번만 해보면 이해가 돼. 뒤에 나오는 예시 문제를 풀어 봐.

1. 한 점 $P(x, y)$에서 같은 거리에 있는 점은 무수히 많다.

> **진실** 그리고 그 무수히 많은 점들의 자취가 바로 원이 된다.

2. 서로 다른 두 원의 교점을 지나는 직선은 하나만 존재한다.

> **거짓** 헷갈리기 쉬운 부분인데, 두 원의 교점이 하나일 때가 있다. 두 원이 내접하거나 외접할 때. 이때 이 점을 지나는 직선은 무수히 많다. 다만 교점을 지나며 두 원에 모두 접하는 직선은 하나뿐이지만.

3. 서로 다른 두 원의 교점을 지나는 원은 무수히 많다.

> **진실** 원의 반지름과 중심을 바꿔 보면서 그림을 그려 보면 바로 알 수 있다.

4. 두 도형을 잇는 선분 중 가장 짧은 선분은 하나다.

> **거짓** 일반적인 경우에는 하나가 맞지만, 그렇다고 언제나 하나만은 아니다. 평행한 두 직선을 생각해 보면 된다. 두 직선을 가장 짧은 길이로 잇는 선분은 두 직선과 수직으로 만나는 직선이 만드는 선분이고, 이 선분은 평행한 두 직선을 따라 무한하게 존재한다. 연결 선분의 길이 중 가장 짧은 길이라는 수치는 하나밖에 없지만, 가장 짧은 길이를 만드는 선분은 하나가 아닐 수도 있다는 얘기다.

5. 두 점을 잇는 직선은 오직 하나뿐이다.

> **진실** 만약 직선의 정의를 알고 있다면 쉽게 답을 구할 수 있을 것이다. 직선의 정의가 두 점을 잇는 선분을 연장한 것이기 때문에 하나밖에 있을 수 없다. 왜냐하면 하나의 직선을 표현하는 직선의 방정식은 하나뿐이므로. 그래서 이 정의에 의해 두 점이 주어지면 그 두 점을 지나는 직선의 방정식을 구할 수 있다.

6. 두 직선 $ax+by+c=0$, $a'x+b'y+c'z=0$이 같은 직선이면 언제나 $a=a$, $b=b'$, $c=c'$가 된다.

거짓 $a=ka'$, $b=kb'$, $c=kc'$가 옳다. 비율이 같은 것이지 숫자가 같은 게 아니다.

작은 색 **예 좀 봐요**

Q₁   함수 $y=f(n)$에서 n은 정n각형의 변의 개수(단, $n \geq 3$), y는 어떤 정n각형을 좌표평면상에 나타내기 위해 필요한 꼭지점의 최소 개수라 하자. 이때 $f(10)+f(\infty)$의 값은?

① 3   ② 4   ③ 5   ④ 6   ⑤ ∞

| ANSWER | ④ 6

정n각형을 좌표평면상에서 특정하게 그리려면 점 세 개만 알면 된다. 점을 하나만 알고 있으면 그 점을 꼭지점으로 하는 무수히 많은 정n각형을 그릴 수 있고, 점을 두 개 알고 있으면 그 두 점을 잇는 선분을 중심으로 두 개의 대칭되는 정n각형을 그릴 수 있다. 세 개를 알고 있을 경우에는 확실하게 알 수 있다. 이는 n이 무한대일 때, 즉 원일 때도 성립한다. 중심 (a, b)와 반지름 r이라는 세 개의 미지수가 있으니 세 개의 식을 세우면 구할 수 있기 때문이다. 따라서 $f(10)+f(\infty)=3+3=6$이다.

Q₂

$y=x$, $y=-x+2\sqrt{2}$와 x축으로 둘러싸인 원의 방정식을 $x^2+y^2+Ax+By+C=0$이라 할 때 $A+B+C$의 값은?

| ANSWER | -1

도형 문제를 풀 때 가장 먼저 해야 할 일은, 일단 그림을 그리는 일이다. 이 문제는 주어진 수식만 써서 풀 경우 아주 복잡한 계산 과정을 거쳐야 한다. 주어진 직선을 그려보기만 해도 이 문제는 반 이상 푼 것이나 다름없다. 이 세 직선의 교점이 이루는 삼각형이 직각이등변 삼각형이기 때문이다.

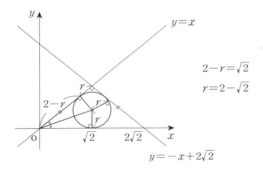

$$2-r=\sqrt{2}$$
$$r=2-\sqrt{2}$$

원의 반지름을 r이라 하면, 그림에서와 같이 $2-r=\sqrt{2}$이므로 $r=2-\sqrt{2}$가 된다. 따라서 원의 반지름은 $2-\sqrt{2}$, 중심은 $(\sqrt{2},\ 2-\sqrt{2}\ )$가 되고, 이를 만족하는 원의 방정식은 $(x-\sqrt{2}\ )^2+\{y-(2-\sqrt{2}\ )\}^2=(2-\sqrt{2}\ )^2$이므로 이를 준식에 맞추어 전개하면 $x^2+y^2-2\sqrt{2}x-2(2-\sqrt{2})y+2=0$이 되고 $A+B+C$의 값은 -2이 된다.

혹시 아주 간단하게 푸는 방법으로 $x^2+y^2+Ax+By+C=0$에 $(1,\ 1)$을 대입하여 $1+1+A+B+C=0$이므로 $A+B+C=-2$라고 할 수도 있다. 놀랍지 않은가? 하지만 이 경우 이 원이 $(1,\ 1)$을 지나는지 아닌지 모르기 때문에 함부로 대입할 수 없고, 따라서 어쩌다가 우연히 같은 답이 나온 것이라고 보면 된다.

Q₃ 좌표평면상에 도형 $F(x, y)=0$과 이 도형 위의 한 점 $P(x_1, y_1)$이 있다. 이때 x축과 y축을 (α, β)만큼 평행이동시키면 $P'(x_1+A, y_1+B)$, $F'(x+C, y+D)$가 된다. A, B, C, D에 알맞은 값은?

① a　　　② b　　　③ $a+b$　　　④ 0　　　⑤ $2a+2b$

| ANSWER |　④ 0

평행이동은 도형 문제를 풀 때 아주 중요하다. 원의 중심이나 반지름을 구하는 문제에서는 원의 중심이 원점이 되도록 모든 도형을 평행이동시켜 푸는 것이 계산 시간을 훨씬 단축시킬 수 있다. 길이나 각도를 구하는 다른 문제도 마찬가지다. 도형이 평행이동되어도 길이나 각도에는 변화가 없기 때문에 가능하면 가장 계산하기 편하게 도형을 이동시켜 놓고 문제를 푸는 것이 좋다.

이 문제는 자칫 잘못하면 실수하기 쉬운 문제이다. 그러므로 점과 도형을 이동시킨 것이 아니라 좌표축을 이동시켰다는 것을 놓치지 말아야 하고, 점의 평행이동과 도형의 평행이동이 다르다는 것도 신경써야 한다. 그리고 한 점 P가 도형 위에 있다고 해서 일반적인 점의 이동과 다르게 생각하면 틀리게 된다. 한 점이 도형 위에 있든 없든 점의 이동은 어디까지나 점의 이동이다.

점의 이동에서는 이동하는 수치만큼 점의 좌표에 더해 주면 되고, 좌표축을 (α, β)만큼 움직였으므로 점은 $(-\alpha, -\beta)$만큼 이동한 셈이 된다.

따라서 $A=-\alpha$, $B=-\beta$이다. 그래프의 이동에서는 이동하는 수치만큼 빼주어야 하므로 $C=\alpha$, $D=\beta$이다. 다시 한번 말하지만, 점 P가 도형 위에 있다는 말 때문에 혹시 그래프와 같이 이동하는 것으로 생각하여 $A=\alpha$, $B=\beta$로 생각하지 않도록 한다.

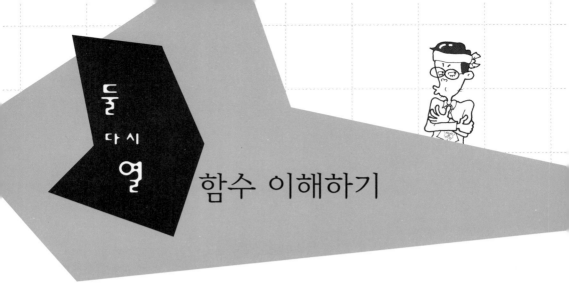

작은 하나 주절주절

함수는 일종의 '대응'이라고 할 수 있어. 정의역 중에 한 원소와 공변역에 속하는 치역의 원소 하나가 대응하여 확실한 대응 관계를 알 수 있을 때 이 관계를 함수라고 하는 거야. $y=f(x)$라 하면 x가 속하는 영역이 정의역이고, y가 속하는 영역이 공변역인데, 이 중에서 특히 $y=f(x)$를 만족시키는 y의 영역을 치역이라고 불러. 즉, 치역은 공변역의 부분집합인 거야.

하나의 x에 대해 둘 이상의 y가 동시에 대응되거나, 대응되는 y가 아예 없으면 함수가 될 수 없어. 이렇게 되면 어디에 대응을 시켜야 할지 알 수 없기 때문에 대응 관계를 확실하게 갖지 못하는 거지. 그리고 함수가 아니라는 말과 그래프를 그릴 수 없다는 건 완전히 다른 말이거든. 이를테면

$x^2+y^2=1$이라는 원은 그래프로 그릴 수 있잖아. 이때 $-1<x<1$을 정의역으로 하면 하나의 x에 대해 언제나 두 개의 y가 대응되니까 이 식은 함수라고 할 수 없어. 정의역 원소 하나에 치역 원소 하나, 이게 함수가 되기 위한 필요충분조건이야.

함수끼리는 서로 합성을 할 수 있어. $y=f(x)$, $y=g(x)$라는 두 함수가 있을 때, $y=g(x)$의 x값과 y값 (x_g, y_g)를 구하고, 여기서 y_g를 $y=f(x)$의 x에 대입시키면 $y=f(y_g)=f(g(x_g))$가 돼. 이렇게 하는 것을 함수의 합성이라 하고, $y=f{\circ}g(x)$라고 적지.

함수의 합성에서 특이한 점은, 일반적인 연산에서 성립하는 교환법칙이 성립하지 않는다는 사실이야. 즉, $f{\circ}g{\neq}g{\circ}f$라고 할 수 있지. 함수에 따라 같을 때도 있지만, 일반적으로는 다르다고 생각해야 해. 하지만 결합법칙은 성립하지. $f{\circ}(g{\circ}k)=(f{\circ}g){\circ}k$와 같이 다르게 묶어 주는 건 가능해.

함수의 합성에서 항등원, 즉 어떤 함수와 합성을 시켜도 그 함수 자신이 답이 나오는 함수를 항등함수라고 해. 덧셈의 항등원이 0이고 곱셈의 항등원이 1인 것처럼, 항등함수는 $I(x)=x$가 되지. $y=x$와 어떤 함수를 합성하든 바로 자기 자신이 나오잖아. 그리고 $f(x)$와 합성을 시켰을 때 항등함수 $I(x)=x$가 나오는 $g(x)$를 $f(x)$의 역함수라고 부르고, $f^{-1}(x)$로 표시하지.

실제로 역함수를 만드는 방법은 간단해. $y=f(x)$일 때 x와 y를 바꾸어 $x=f(y)$라 하고 다시 y를 정리하면 끝이거든. 다만, 역함수가 존재하기 위해서는 $f(x)$의 정의역과 치역이 일대일 대응이 되어야 해.

일대일 대응이 뭐냐면, 정의역에 속하는 각 x에 대해서 오직 단 하나의 y만 존재하며, $x_1 \neq x_2$일 때 $y_1 \neq y_2$가 되는 거야. 예를 들어, $y = 3$이라는 것도 함수거든. 상수함수. 정의역 내의 모든 x에 대한 y값이 3인 함수야. 하지만 이 함수는 역함수를 가질 수 없어. 역함수를 만들기 위해 x와 y를 바꾸면 $x = 3$이 되는데, 이건 함수가 아니잖아. $x = 3$을 제외한 다른 x에 대응하는 y가 없으니까 말야. 그래서 $f(x)$가 일대일 대응이 되지 않으면 역함수는 함수의 정의에서 어긋나니까 존재하지 않는다고 하는 거야.

함수 문제 중에 역함수를 구하는 문제가 많이 나오는데, 많이 실수하는 부분이 정의역과 치역을 바꾸는 부분이야. 예를 들어, $y = \sqrt{x-2}\ (x > 2)$의 역함수를 구하면 $x = \sqrt{y-2}$에서 $y = x^2 + 2$가 되는데, x와 y를 바꾸었기 때문에 원래 함수의 치역이 역함수에서는 정의역이 돼. 즉, 원래 함수에서 $x > 2$일 때 $y > 0$이니까, 역함수에서는 $x > 0$일 때 $y > 2$가 되는 거야. 보통은 정의역만 적으니까 아까 구한 $y = x^2 + 2$에 꼭 $x > 0$이라는 범위를 붙여 주어야 해. 이거 신경 안 쓰면 그냥 점수 날아가니까, 아예 역함수를 구할 때는 원래 함수의 정의역과 치역부터 구해 놓고 문제를 푸는 것도 좋은 방법이야.

1. 모든 함수는 그래프로 나타낼 수 있다.

> **거짓** 우리가 알고 있는 대부분의 함수는 그래프로 나타낼 수 있지만, 몇 가지 예외가 있다. 예를 들어, 실수에서 복소수로 가는 함수는 일반 좌표평면에서는 나타낼 수 없다.

2. 함수의 그래프를 평행이동시킨 그래프는 언제나 함수로 나타낼 수 있다.

> **진실** 평행이동은 함수의 대응 관계에 영향을 주지 않는다.

3. 함수의 그래프를 회전이동시킨 그래프는 언제나 함수로 나타낼 수 있다.

> **거짓** 예를 들어, $y=1$은 모든 실수 x에 대한 함수이지만, 이를 90° 회전시킨 $x=1$은 함수가 될 수 없다.

4. 어떤 함수를 $y=x$에 대해 대칭이동시킨 함수는 그 함수의 역함수가 된다.

> **거짓** 참인 듯 보이지만, 어떤 함수라는 부분이 틀렸다. 어떤 함수가 아니라 역함수를 가지는 함수에 한해서만 $y=x$에 대해 대칭이동시킨 함수가 그 함수의 역함수가 된다. 함수 중에서 역함수를 가지는 함수는 일대일 대응 함수라는 것으로 한정되어 있다.

95

5. $y = x^2$의 역함수를 구하는 것은 불가능하다.

> **진실** 보통 x에 대해 특별한 범위의 언급이 없을 때는 실수 전체로 생각하면 되는데, x=1일 때와 x=-1일 때 모두 y=1이 되므로 일대일 대응 함수가 아니다. 따라서 역함수를 구할 수 없다.

6. $y = x^2 (x \geqq 0)$의 역함수를 구하는 것은 불가능하다.

> **거짓** 범위가 한정되어 있을 경우 정의역이 실수 전체일 때는 역함수를 가지지 않는 함수라도 범위가 한정되어 있는 경우에는 역함수를 가질 수 있다. $x \geqq 0$인 범위에서는 $y=x^2$이 일대일 대응되므로 역함수를 구할 수 있으며, 그 역함수는 $y=\sqrt{x} \ (x \geqq 0)$이 된다.

7. $f(x) = \sqrt{x^2}$ 는 무리함수다.

> **거짓** $f(x)=|x|$이므로 무리함수가 아니다. 무리함수가 되려면 루트 안의 식을 변형해도 유리함수가 되지 않아야 한다.

8. 정의역이 모두 유리수일 때 치역이 모두 무리수인 함수는 무리함수다.

> **거짓** 예를 들어, $y=\sqrt{2}x$의 경우 x가 모두 유리수일 때 치역이 모두 무리수를 만족하지만 무리함수가 아니다. 다만 x의 계수가 무리수일 뿐이다. 무리함수는 루트 안에 x에 대한 식이 들어 있어야 한다.

Q₁ 다음 중 언제나 y가 x의 함수가 되는 것은? (단, x는 실수 전체)

    $a.\ y=\dfrac{1}{x}$ $b.\ x^2+y^2=4\,(단,\ 0\leqq y)$

    $c.\ y=\sin x$ $d.\ y=4-|x+3|$

    ① a, b ② c, d ③ b, c ④ a, c ⑤ b, c, d

| ANSWER | ② c, d

우선 함수의 정의를 제대로 알고 있어야 한다. y가 x의 함수가 된다는 것은, 정의역 내의 모든 원소 x에 대해 치역의 원소 y가 언제나 단 하나만 존재한다는 의미이다. 즉, 정의역 내의 어떤 x에 대해 해당하는 y값이 존재하지 않거나, y값이 둘 이상이 되면 함수가 될 수 없다.

    a의 경우, $x=0$에서 y값이 존재하지 않으므로 함수가 아니다.

    b는 y에 대한 조건이 없이 $x^2+y^2=4$만 있을 경우에는 함수가 아니다. 예를 들어, $x=0$일 때 $y=\pm2$가 되기 때문이다. 하지만 $0\leqq y$라는 조건 때문에 $y=2$라는 단 하나의 값을 가지게 되고, 정의역이 $-2\leqq x\leqq2$일 경우에 한해 b는 함수가 될 수 있다. 주어진 조건에서 x는 실수 전체라고 하였으므로 $x<-2$, $2<x$를 만족하는 실수 x의 경우 대응하는 y값이 존재하지 않는다. 따라서 b는 함수라 할 수 없다.

    c와 d는 실수 x에 대해 모두 하나의 y값을 가지므로 함수이다. 따라서 정답은 c, d.

    만약 이 문제를 '언제나 x가 y의 함수가 되는 것은? (단, $-1<y<1$)'로 바꾼다면 주어진 보기 중 함수는 무엇일까? a는 $y=0$에서 해당 x값이 없으므로 함수가 아니고, b는 $y=0$일 때 $x=\pm2$가 되므로 함수가 아니다. c 또한 $y=0$일 때 $x=n\pi$ (단, n은 정수)이므로 하나의 y에 대해 수없이 많은 x가 대응되어 함수가 아니다. d의 경

97

우에도 $y=3$인 경우, $x=-2$, -4가 되므로 역시 함수가 아니다. 따라서 보기 중 정의역 $-1<y<1$에서 x가 y의 함수인 것은 없다.

Q₂ 다음 보기 중 진리집합 A의 진리집합 B에 대한 조건 관계가 나머지와 다른 것은?

① $A=$공변역, $B=$치역

② $A=$역함수를 가지는 함수, $B=$일대일 대응 함수

③ $A=\{y \mid y=[x], x\in R\}$, $B=$정수

④ $A=\{y \mid y=\sin x, x\in R\}$, $B=\{x \mid -1\leq x\leq 1\}$

⑤ $A=\{y \mid y=|x|, x\in R\}$, $B=\left\{y \mid y=\tan\theta, 0\leq\theta\leq\dfrac{\pi}{2}\right\}$

| ANSWER | ① $A=$공변역, $B=$치역

$y=f(x)$일 때 공변역은 y값이 될 수 있는 전체 범위를 의미하고, 치역은 공변역 중 $y=f(x)$를 만족시키는 y의 범위를 의미한다. 예를 들어, 함수 $y=x^2$(단, x, $y\in R$)가 있다고 할 때 이 함수의 공변역은 실수 전체이고, 치역은 $\{y \mid y\geq 0\}$이 된다. 언제나 치역은 공변역의 부분집합이므로 ①번에서 공변역 A는 치역 B의 필요조건이다.

역함수가 존재하기 위해서는 $f(x)$의 정의역과 치역이 일대일 대응이 되어야 한다. 만약 $f(x)$가 정의역과 치역이 일대일 대응이 되지 않으면 $f(x)$의 역함수는 존재하지 않는다. 즉, $y=f(x)$에서 어떤 x_1과 x_2(단, $x_1\neq x_2$)에 대해 일대일 대응을 하지 않고, $y_1=f(x_1)=f(x_2)$라 하면 역함수 f^{-1}은 $x_1=f^{-1}(y_1)$과 $x_2=f^{-1}(y_1)$를 모두 만족하게 되어 정의역의 원소 하나에 치역의 원소 하나만 대응되어야 한다는 함수의 정의에서 벗어나게 된다. 또한 모든 일대일 대응 함수는 역함수를 가질 수 있으므로 ②번에서 A는 B의 필요충분조건이다.

③번에서 $[x]$는 가우스 함수이므로 A는 정수 전체의 집합이 된다. A와 B는 동치이고, 따라서 A는 B의 필요충분조건이다. ④번도 $\sin x$값이 가지는 범위를 생각해 보면 A가 B의 필요충분조건임을 쉽게 알 수 있다. ⑤번에서 A는 0과 양의 모든 실수 집합이 되고, B 또한 그렇다. 따라서 ⑤번도 A가 B의 필요충분조건이다.

98

②~⑤번 모두 A가 B의 필요충분조건임에 반해 ①번은 A가 B의 필요조건이다. 따라서 나머지 보기와 조건 관계가 다른 하나는 ①번이다.

Q₃ 다음은 $(f \circ g)^{-1} = g^{-1} \circ f^{-1}$를 증명하는 과정이다. 빈 칸에 알맞은 식은?

[증명] $k = f^{-1}(x)$, $t = g^{-1}(k)$라 하면 $x = f(k)$, $k = g(t)$이므로 $x = f(k) = f(g(t)) = f \circ g(t)$

이제 □ 이고

$g^{-1} \circ f^{-1}(x) = g^{-1}(f^{-1}(x)) = $ □

따라서 $(f \circ g)^{-1}(x) = g^{-1} \circ f^{-1}(x)$에서

$(f \circ g)^{-1} = g^{-1} \circ f^{-1}$ (증명 끝.)

① $k = g(t)$, $f(k) = x$

② $f(k) = f \circ g(t)$, $f^{-1}(x) = k$

③ $t = (f \circ g)^{-1}(x)$, $g^{-1}(k) = t$

④ $x = f \circ g(t)$, $g^{-1}(k) = t$

⑤ $t = g^{-1}(k)$, $f \circ g(t) = x$

| ANSWER | ③ $t = (f \circ g)^{-1}(x)$, $g^{-1}(k) = t$

$x = f \circ g(t)$이므로 이것의 역함수를 구하면 $t = (f \circ g)^{-1}(x)$이다. 또한 $f^{-1}(x) = k$이므로 $g^{-1}(f^{-1}(x)) = g^{-1}(k) = t$가 되어 정답은 ③번이다. 주어진 보기들을 대입해서 답을 구할 수도 있지만, 가급적이면 증명 과정을 이번 기회에 익혀 두도록 한다.

Q₄

함수 $f(x)=x^2+a\,(x>0)$의 역함수를 $g(x)$라 할 때 $f(x)=g(x)$가 음이 아닌 서로 다른 두 실근을 가질 실수 a의 범위는?

① $a \geqq 0$ ② $0 \leqq a < \dfrac{1}{4}$ ③ $0 < a < \dfrac{1}{4}$

④ $a < 1$ ⑤ $a > 1$

| ANSWER | ② $0 \leqq a < \dfrac{1}{4}$

이 문제는 수능에 나왔던 문제를 형태만 바꾼 것이다. 굳이 이렇게 한 이유는, 이 문제가 역함수에 관련된 모든 내용들이 함축되어 있는 정말 좋은 문제이기 때문이다. 맛있는 케이크를 먹듯, 천천히 음미해 가며 풀어 보자.

우선, 이 문제를 곧이곧대로 풀어 보자. 역함수를 구할 때는 우선 원래 함수의 정의역과 치역부터 구하고 이를 서로 바꾸어 역함수의 정의역과 치역을 구하는 것이 실수를 덜하게 된다. $f(x)=x^2+a\,(x>0)$의 정의역은 $x>0$이고 치역은 $y>a$이므로, 역함수 $g(x)$의 정의역은 $x>a$, 치역은 $y>0$이 된다. 이제 역함수를 구해 보면, $x=y^2+a$에서 $y=\pm\sqrt{x-a}$가 되고, 조건에 의해 $y>0$이므로 $g(x)=\sqrt{x-a}$ (단, $x>a$)가 된다. 만약 이 문제가 주관식일 경우 $x>a$라는 조건을 빼놓고 $g(x)=\sqrt{x-a}$만 적을 경우 틀린다는 것을 명심하자.

문제에서 $f(x)=g(x)$라 하였으므로 $x^2+a=\sqrt{x-a}$를 양변 제곱하여 정리하면 $x^4+2ax^2+a^2-x+a=0$이 된다. 이제 이 식의 그래프를 그려 $x>a$에서 x축과 두 번 만나도록 a값을 정해 주면 되는데, 막막하지 않은가. 준식은 인수분해도 되지 않고, 결국 미분하여 극대값과 극소값을 구하고 이것으로 그래프의 형태를 잡아 주어야 하는데 결코 만만치 않을 듯하다. 즉, 이런 식으로 풀면 실제 수능 시험에서는 절대 못 푼다는 소리다. 다른 방법을 찾아야 한다.

실근의 개수라든지, 서로 다른 두 실근을 가지는 등 근의 성질과 관련된 문제가 나왔을 때는 가능하면 그래프를 이용해서 푸는 것이 좋다. 역함수 문제에서도 원함수와 역함수는 $y=x$에 대해 대칭이므로 그래프를 그리면 교차점의 위치 관계는 아주 쉽게 알 수 있다. 그래프를 이용해서 풀어 보자. $g(x)$가 역함수이므로 $f(x)=g(x)$인 모든 점은 직선 $y=x$ 위에 있게 된다. 따라서 $f(x)=x$를 만족시키는 점이 바로 교차점이 되는 것이다. 결국 이 문제는 $x=x^2+a$가 음이 아닌 서로 다른 두 실근을 가지는 a의 범위를 구하는 문제로 바꿀 수 있다. 이 상태라면 바로 근의 공식을 사용해도 되지만, 역시 그래프를 다시 이용해 보자. $x = x^2 + a$를 $x - a = x^2$로 바꾸고, $y = x - a$와 $y = x^2$이 음이 아닌 서로 다른 두 점에서 만나면 되는 것이다. 그래프를 그려 보면 $a = \frac{1}{4}$일 때 접하게 되므로 $0 \le a < \frac{1}{4}$일 때 음이 아닌 서로 다른 두 점에서 만나게 되어 이 영역이 정답이다. 답은 ②번.

그런데 이 문제는 찍기의 대입법을 사용하면 바로 풀 수 있다. 우선 $a = 0$이라 할 때 $y = x^2$과 $y = x$는 x가 0과 1에서 만나므로 조건을 만족한다. 따라서 보기 중 $a = 0$인 것을 찾으면 ①, ②번이 된다. $a = 100$일 때 $y = x^2 + 100$과 $y = x$는 만나지 않으므로 범위에 포함시킬 수 없다. 따라서 정답은 ②번.

어떤가. 곧이곧대로 풀면 엄청 고생하고도 풀 수 있을지 없을지 모르고, 역함수의 성질인 $y = x$에 대칭된다는 걸 떠올려서 그래프로 풀면 아주 깔끔하게 제대로 풀 수 있고, 심지어는 번뜩이는 감각으로 찍기를 해도 몇 초 만에 맞힐 수 있으니 정말 멋있지 않은가. 후후.

둘 다시 열하나 로그 지수 이해하기

지수함수에서는 절대로 안 할 것 같지만 엄청나게 자주하는 실수 두 가지만 하지 않으면 별로 틀릴 일이 없어. 그 두 가지란 바로 이거야.

$$a^x \times a^y = a^{x+y} \neq a^{x \times y}, \ a^x \div a^y = a^{x-y} \neq a^{x \div y}$$

곱셈에서는 지수끼리 더해 주어야 하고, 나눗셈에서는 지수끼리 빼주어야 하는데 그걸 순간의 실수로 잊어버리곤 하지. 게다가 이 속성이 바로 로그함수를 태어나게 한 기본이 되거든. 81×16을 바로 암산하기는 어렵지만 81＋16은 바로 암산이 가능한 것처럼, 곱셈이나 나눗셈보다 덧셈이나 뺄셈이 계산하기 훨씬 쉬워. 게다가 곱셈이나 나눗셈을 하게 되면 수가 굉장히 커지거나 작아지니까 그 계산 과정도 복잡하지. 곱셈과 나눗셈을 어떻게 하면 덧셈이나 뺄셈으로 바꿀 수 있을까 하는 고민의 해결책으로 나온 것이 바로 로그함수야.

작은들 **진실 게임**

1. $\log_a N$에서 진수 $N>0$, 밑 $a>0$, $a \neq 1$이다.

> **진실** 이건 확인하는 차원에서 낸 문제이니 머리 속에 꼭꼭 넣어 놓을 것.

2. $y=a^x$에서 모든 실수 x에 대해 $y>0$이다.

> **거짓** 너무 쉬운 문제일 수도 있지만, 너무 깊이 생각하는 사람에게는 오히려 아주 어려운 문제가 될 수도 있다. 지수함수에서는 보통 $a>0$, $a \neq 1$이라는 조건이 있다고 봐야 한다. 만약 $a=0$일 경우 $y=0$이 되기 때문에 이는 상수함수가 된다. 또 $a<0$일 경우에는 x가 정수인 경우에 한해 그 값을 정할 수 있지만 x가 실수인 경우에는 아주 애매해진다. 즉, 지수가 정수이고 밑수가 음수일 때는 지수가 짝수냐 홀수냐에 따라 정해진 값을 얻을 수 있지만, $(-2)^{\sqrt{2}}$의 경우 음수가 될지 양수가 될지 알 수 없다. 따라서 $a<0$일 경우 y의 부호를 알 수 없는 경우가 있으므로 거짓으로 보는 게 좋다. 대부분의 지수 문제에서는 $a>0$의 조건이 주어지므로 너무 걱정하지 않아도 된다.

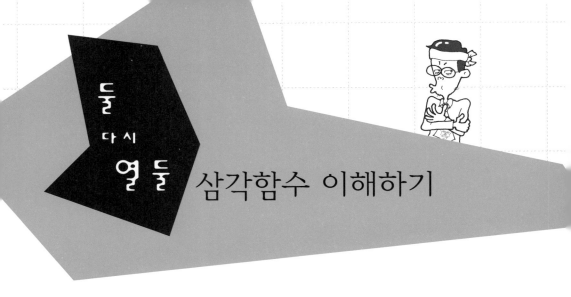

둘 다시 열둘 삼각함수 이해하기

작은 하나 주절주절

먼저 삼각함수에 대해 어떻게 생각하는지 궁금하다.

"중학교 시절부터 지긋지긋하게 따라다니는 이놈의 삼각함수 고등학교까지 와서도 내 발목을 잡는구나!"인지, 아니면 "오호, 삼각함수로구나. 공식만 알면 다 풀 수 있는 거, 또 점수 딸 일만 남았군."인지.

사실 후자처럼 말하는 사람이 있기는 할까? 그렇지. 아무래도 도형 문제는 좀 까다롭잖아. 삼각함수 문제를 풀 때 관련된 여러 공식을 외우고 있어야 하는 건 필수지만, 그 공식을 사용할 수 있는 단계까지 문제를 풀어내려면 외우는 것뿐만 아니라 확실히 이해하고 있어야 해. 공식을 잊어버리면 바로 증명해서 쓸 수 있을 정도로. 그럼 좋아. 다른 질문 하나 해볼게. 도대체 삼각함수가 뭐야? '내가 아무리 학교 다니며 교과서에 침 좀 흘렸었기로 서니 이걸 모를까' 하겠지만. 글쎄, 삼각형과 관련된 함수가 삼각함수라는 대답이 대부분 아닐까. 중학교 때 배웠던 기억이 나는 학생은 사인, 코사인, 탄젠트함수가 바로 삼각함수라고 이야기하겠지. 뭐, 이것도 아주 틀린 건 아니지만, 그럼 삼각함수는 사인, 코사인, 탄젠트함수밖에 없는 건가? 아하! 지난 중간고사에 상위권에 들었다는 학생 저기 손들었네. 대답해 보세요.

"사인, 코사인, 탄젠트 말고 세 가지가 더 있지요. 시컨트, 코시컨트, 아크탄젠트까지 합쳐야 삼각함수라고 할 수 있어요. 우훗."

오! 하지만 미안해. 이것도 원하는 대답은 아니야. 아잇! 저기 전교 10등 안에 드는 학생이 회심의 미소를 지으며 지켜보고 있었군. 자, 대답해 보세요. 삼각함수의 정의는 무엇입니까?

"평면에 O를 원점으로 하는 좌표계를 정하고, 이 평면 위의 점의 좌표를 (x, y)로 표시하고, x축의 양의 방향에 대하여 각 θ을 만드는 사선 OP를 그어 O를 중심으로 하는 단위원과의 교점을 P로 하여, P의 좌표를 (x, y)라면 θ가 주어질 때마다 (x, y)가 정해지게 됩니다. 이때 함수 $\theta \rightarrow x$와 $\theta \rightarrow y$를 각각 코사인함수, 사인함수라 하며, $x = \cos\theta$, $y = \sin\theta$ 라 합니다.

그리고 $\tan\theta = \sin\theta/\cos\theta$, $\cot\theta = \cos\theta/\sin\theta$, $\sec\theta = 1/\cos\theta$, $\csc\theta = 1/\sin\theta$에 의하여 정의되는 함수를 각각 탄젠트함수, 코탄젠트함수, 시컨트함수, 코시컨트함수라고 합니다. 이들 6개의 함수를 삼각함수라고 총칭하죠."

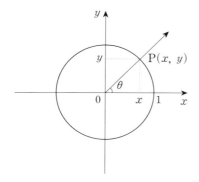

그래, 이거야말로 모든 참고서에 똑같이 나와 있는 가장 정확한 정의네. 하지만 어떡하지, 이것도 내가 원하는 답은 아냐. 정확한 답이기는 한데 ……. 앗, 저 학생은 이번 수학 올림피아드에서 순위권에 든 학생! 기대됩니다, 어서 말해 보세요.

"오, 이런 이런. 오 마이 갓! 저 친구가 중요한 걸 빼먹었군요. $\cos\theta$와 $\sin\theta$는 모든 실수 θ에 의해 정의되구요, 나머지 함수에서는 분모가 0이 되는 점을 정의역에서 제외합니다. 사인과 코사인함수를 제외한 함수는 분모가 0이 될 수 있으니까요."

전에도 이야기 했었지만 이런 예외들이나 범위, 영역에 관련된 것까지 알고 있어야 제대로 아는 거거든. 정말 잘했어요. 역시 훌륭하긴 하지만…….
삼각함수에 대한 정의를 이렇게 어렵게 내릴 필요는 없잖아. 그렇다고 중학교 때처럼 직각삼각형에서 변의 길이를 이용해서 사인, 코사인, 탄젠트함수를 정의내릴 수도 없어. 삼각형만 가지고는 삼각함수가 음의 값을 가지는 걸 설명할 수가 없거든.

자, 어떤 친구가 지하철역에서 우리집을 찾아온다고 하자. 전화로 우리집 위치를 알려 주고 싶을 때 보통 어떻게 이야기하는지 생각해봐.

"그 길 따라 쭉 내려오다가 사거리 나오면 오른쪽으로 꺾어서 100미터 정도 걸어와. 그럼 녹색 지붕이 있는 집이 보일 거야. 그게 우리집이야. 빨리 와~"

아니면 이렇게 말하겠지.

"거기 놀이터 보이지? 음, 그쪽 방향으로 한 10분 정도 오면 우리집이야. 녹색 지붕 집이니까 잘 찾아와~"

똑같은 위치를 이야기하는데도 두 가지 방법으로 이야기할 수 있어. 첫 번째 방법처럼 기준이 되는 선과 그 선에서의 거리를 이용해서 위치를 표현

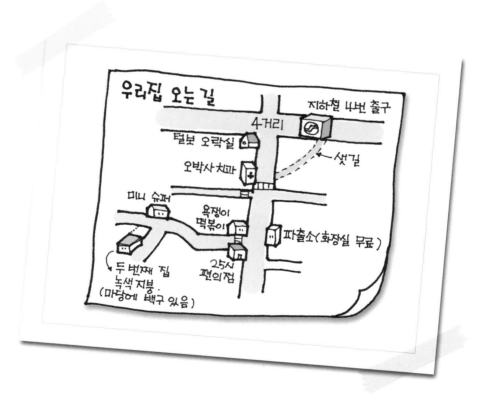

하는 게 우리가 지금까지 좌표평면에서 점의 위치를 표현할 때 하는 방법이야. 그리고 두 번째 방법처럼 방향을 이용해 점의 위치를 나타내기 위해 만들어진 함수가 바로 삼각함수야.

삼각함수는 임의의 좌표 (x, y)를 $(x(\theta), y(\theta))$로 나타내기 위해 만들어진 함수이다. 단, θ는 원점과 (x, y)를 잇는 선분이 x축과 이루는 일반각이다.

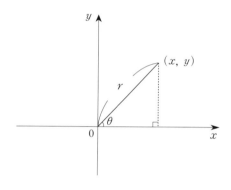

이렇게 말할 수 있어. 이해가 돼?

자, 이번엔 라디안에 대한 이야기를 해보자. $l = r\theta$라는 공식은 아마 누구나 알고 있을 거라고 생각해. 원호의 길이는 반지름에 각도를 곱하면 나온다는 공식인데, 여기서 각도라는 건 일반적인 30°, 60° 이런 게 아니라 $\dfrac{\pi}{6}$, $\dfrac{\pi}{3}$와 같은 라디안 각을 말하지. 라디안이 무엇을 의미하는지는 대충 알고 있겠지만, 정확하게 아는 사람은 많지 않을 거라 생각해. 라디안이 뭐냐면, 사실 저 공식 자체가 라디안의 정의야. 중학교 때부터 배워온 일반각은 각의 크기만을 나타낼 뿐, 그 각이 어떤 의미를 가지는지는 나타내지 못하잖아. 30°는 그저 30°일 뿐, 원을 12등분하면 나오는 각이라는 건 알지만 그걸로 끝이야. 하지만 라디안은 반지름과 원호의 비율을 나타내는 거야. 그 값의 속성은 각도를 의미하는 거구. 함수로 나타낸다면, $y=f(x)$에서 y가 원호의 길이고, x가 반지름일 때 $f(x)$를 라디안이라고 하면 되겠지.

그러고 보면 이상하지 않아? 왜 하필 원을 이루는 각을 360°라고 정했는지. 100°도 아니고 12°도 아니고 말이야. 사실 그 이유는 나도 잘 모르지만, 그렇기 때문에 모호한 의미를 지니는 것은 수학에서 잘 사용하지 않으려는 것 같아. 그래서인지 삼각함수나 기타의 고등수학에서는 일반적으로 라디안 각을 사용해. 물론 실생활에서는 일반각이 더 편하지. 꺾인 길을 보고 '야, 저거 90°로 꺾였네.' 하지 누가 '$\frac{\pi}{2}$로 꺾였네!' 하겠어. 만약 저렇게 얘기하는 사람이 있다면 그 사람하고는 놀지 마. 보통 사람이 아냐.

삼각함수 문제는 학생 입장에서는 가장 많이 실수하는 부분이지만 출제자 입장에서는 가장 문제 내기 좋은 부분이기도 해. 왜냐하면 단순히 지식을 알고 있는지를 묻는다기보다는 수학적인 사고력을 측정할 수 있으니까. 숨겨진 조건이나 여러 조건에 의해 나뉘는 상황을 모두 파악하고 적용해야 맞힐 수 있는 문제가 맛있는 문제거든. 그 왜 있잖아. 문제를 풀고 나서 '이야, 이 문제 참 맛깔스럽네.'라든지 '참 아기자기하게 재미있는 문제네.' 할 때, 그런 느낌.

문제에 삼각함수가 사용되는 순간 수많은 조건을 내포하게 돼. 가장 많이 사용되는 조건인 사인과 코사인함수는 언제나 -1과 1 사이의 값을 가진다는 것 외에도, 탄젠트함수는 모든 범위의 값을 가지지만 $\theta=\left(\frac{1}{2}+n\right)\pi$

(단, $n \in N$)에서는 값을 정의할 수 없다든지, 해당 각이 어느 사분면에 위치하느냐에 따라 사인, 코사인, 탄젠트함수 값의 부호가 달라지는 건 간단한 형식의 문제를 굉장히 많이 생각하게 만드는 요인이지. 게다가 사인과 코사인은 2π마다, 탄젠트는 π마다 같은 값을 가지는 주기함수니까 아무리 큰 각이라 하더라도 주기함수의 성질에 따라 쉬운 각으로 바꾸어 표현할 수 있잖아. 아마 삼각함수 문제를 풀면서 이런 조건을 생각하지 않고 문제를 푸는 경우는 없을걸.

작은둘 예 좀 봐요

Q₁

$\sin^2\theta - \sin\theta - 2 = 0$을 만족시키는 θ값의 개수는?

① 0개   ② 1개   ③ 2개   ④ 3개   ⑤ ∞

| ANSWER | ⑤ ∞

이 문제는 풀 수 있느냐 없느냐보다는 얼마나 빨리 문제의 의도를 파악하느냐가 중요하다. 아마 눈치 빠른 사람이라면 문제를 풀지 않고도 바로 답을 고를 수 있을 것이다. 우선 $\sin\theta$를 t로 치환하고, $t^2 - t - 2 = 0$인 방정식을 풀면 그 해는 $t = -1, 2$가 되지. $\sin\theta$를 t로 치환했으니 t의 범위는 $-1 \le t \le 1$이고, 따라서 $t = -1$만 답이 된다. 여기서 $\sin\theta = -1$을 만족하는 θ를 $\frac{3}{2}\pi$로 끝내고 정답을 ②번으로 한다면 바로 실수하게 되는데, 모든 삼각함수는 주기함수이기 때문에 각에 대한 조건이 없다면 답을 $\left(\frac{3}{2} + n\right)\pi$ (단, n은 정수)라는 식으로 적어야 한다. 따라서 각의 개수는 무한대가 되고, 정답은 ⑤번이다.

일반적으로 삼각함수를 치환하여 방정식 형태로 바꿀 수 있는 문제는 각에 대한 조건이 주어지는데, 아까 눈치 빠른 학생이라는 의미는 각의 조건이 주어지지 않았다는 걸 바로 눈치채고 답을 ⑤번으로 생각했을 거라는 의미다. 이 문제처럼 삼각함수를 치환하여 방정식 형태의 문제로 푸는 유형의 문제는 삼각함수를 이용한 문제 중에서 가장 기본적이고 많이 출제되는 형태의 문제이므로 꼭 익혀 두어야 한다.

Q_2

다음 중 각도기를 사용해 그 값을 정확히 측정할 수 있는 각은?

① π°　　② π　　③ $\sqrt{2}^\circ$　　④ 1　　⑤ 30

| ANSWER |　② π

우선 $^\circ$ 표시가 없는 각은 라디안 각을 의미한다는 걸 알아야 한다. 일반각으로 표현된 $\sqrt{2}^\circ$는 정확히 각도기로 나타낼 수 없다는 건 알 것이다. $\sqrt{2}$가 무한 소수이기 때문이다. π°도 마찬가지이다. $3.14159276\cdots^\circ$를 각도기로 나타낼 수는 없다. 그럼 답이 1라디안일까? 1라디안도 마찬가지로 무한소수다. 원의 각도는 360°고, 이것이 2π라디안을 나타내는 거니까 1라디안은 $\dfrac{360^\circ}{2\pi} = 57.295777\cdots^\circ$ 정도 되는 각이다. 대략 60° 정도 되지만 무한소수라서 정확한 각은 알 수 없다. 따라서 정답은 ②번.

π 라디안은 180°니까 각도기로 정확하게 측정할 수 있다. 이 기회에 1라디안이 57° 정도 된다는 사실을 외워 두도록 하자. 외우기 힘들 것 같으면 그냥 60°보다 조금 작은 정도로 기억해도 된다.

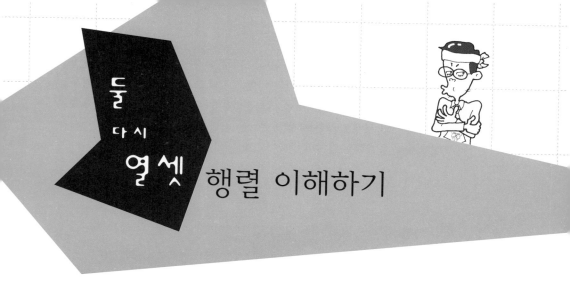

작은 하나 주절주절

행렬이란 정해진 원소를 행과 열에 배치해 놓은 거야.

$$\begin{pmatrix} 1 & 2 \\ 3 & 4 \end{pmatrix}, \begin{pmatrix} a & 1 \\ 3 & 2 \\ b & -1 \end{pmatrix}, \{\sqrt{2}\ 3\ \pi\}$$

이렇게 괄호 안에 행과 열을 맞추어 원소를 배치하면 이게 바로 행렬이야.

행렬에서 원소의 위치를 이야기할 때는 언제나 몇 행 몇 열에 있다는 식으로 이야기해. 행은 원소가 위치하는 가로줄의 위치를 의미하고 열은 세로줄의 위치를 의미하지. 행렬에서 일반적인 원소를 표시할 때는 a_{ij}와 같은 형식으로 하는데, 여기서 i는 행의 위치, j는 열의 위치를 나타내.

$A=\begin{pmatrix} 1 & 2 \\ 3 & 4 \end{pmatrix}$일 때 $a_{11}=1$, $a_{12}=2$이다.

행렬의 형태에서 가장 많이 사용하는 것이 2차 정사각행렬이야. 2차 정사각행렬이라는 건 2행 2열의 행렬을 의미해. 3차 정사각행렬이라면 당연히 3행 3열의 행렬을 의미하겠지. 2차 정사각행렬일 때는 공식에 의해 역행렬을 구하기도 쉽고, 이걸 이용하면 2원 일차방정식을 바로 풀 수도 있기 때문에 실용적이거든.

2차 정사각행렬$=\begin{pmatrix} a & b \\ c & d \end{pmatrix}$, 3차 정사각행렬$=\begin{pmatrix} a & b & c \\ d & e & f \\ g & h & i \end{pmatrix}$

행렬의 연산에는 몇 가지 독특한 특징이 있어. 우선 행렬의 덧셈과 뺄셈은 같은 형태의 행렬만이 가능해. 예를 들어, 행렬 A, B의 덧셈과 뺄셈을 할 때 A가 2차 정사각행렬이라면 B도 2차 정사각행렬이어야 해.

그리고 행렬의 곱셈은 $A \times B$를 계산하는 경우, 행렬 A의 i행에 있는 각 원소와 행렬 B의 j열에 있는 각 원소를 서로 곱한 값을 모두 더하여 그 값을 $A \times B$의 i행과 j열의 값으로 정하는 거야. 각 원소끼리 서로 곱할 수 없으면 행렬의 곱셈이 불가능하고, 따라서 행렬의 곱셈이 가능하려면 A의 i행에 있는 각 원소의 개수와 행렬 B의 j열에 있는 각 원소를 개수가 일치해야 해.

여기서 헷갈리지 말아야 할 것은 A의 i행에 있는 각 원소의 개수가 A의

전체 열의 수라는 것과 마찬가지로 행렬 B의 j열에 있는 각 원소의 개수가 B의 전체 행의 개수라는 거야. 조금만 생각해 보면 이해가 될 거야. 따라서 행렬의 곱셈이 가능하려면 행렬 A의 열의 수와 행렬 B의 행의 수가 같아야 하지.

$\begin{pmatrix} 1 & 2 \\ 3 & 4 \\ 5 & 6 \end{pmatrix}$ 일 때, 각 행의 원소의 개수 $=A$의 전체 열의 개수 $=$ 2개

A는 2×3행렬이고 B는 3×100행렬일 때, $A \times B$는 2×100행렬이 된다.

A는 2×3행렬이고 B도 2×3행렬일 때, $A \times B$는 불가능하다.

행렬이 문제로 나올 때 꼭 나오는 부분이 바로 연산의 법칙이야. 다른 분야와 달리 행렬은 연산법칙에 특징적인 부분들이 있거든.

행렬에서 덧셈의 교환법칙은 성립하지만 곱셈의 교환법칙은 성립하지 않아. 이게 가장 중요! 행렬의 계산에서 특히 신경써야 하는 부분이 이거야. 행렬이 아닌 방정식이나 수식, 수열 등 거의 모든 영역에서 곱셈의 교환법칙이 성립하는 데 비해 행렬의 곱셈에 대해서는 일반적으로 교환법칙이 성립하지 않아.

$\begin{pmatrix} 1 & 0 \\ -1 & 0 \end{pmatrix} \times \begin{pmatrix} -1 & 1 \\ -1 & 1 \end{pmatrix} = \begin{pmatrix} -1 & 1 \\ 1 & -1 \end{pmatrix}$ 이고, $\begin{pmatrix} -1 & 1 \\ -1 & 1 \end{pmatrix} \times \begin{pmatrix} 1 & 0 \\ -1 & 0 \end{pmatrix}$

$= \begin{pmatrix} -2 & 0 \\ -2 & 0 \end{pmatrix}$ 이므로, 이 경우 곱셈의 교환법칙이 성립하지 않는다.

행렬은 곱셈의 교환법칙이 성립하지 않기 때문에, 곱셈을 할 때 위치도 아주 중요해. 왼쪽에 곱하느냐, 오른쪽에 곱하느냐에 따라 값이 달라지니까. 그래서 행렬 A, B, P에서 PAB와 ABP는 일반적으로 다르다고 봐야 해.

어떤 정사각행렬 A에 같은 차수의 정사각행렬 B를 곱했을 때 단위행렬이 나올 경우 B를 A의 역행렬이라고 하고, A^{-1}로 표시해. 단위행렬이라는 건 정사각행렬에서 대각선에 있는 원소의 값이 모두 1이고, 나머지는 0인 행렬을 의미해. 즉, 정사각행렬 중 $a_{ij}=1(i=j)$, $a_{ij}=0(i{\ne}j)$를 만족하는 행렬을 단위행렬이라 하고 E로 표시하지. A의 역행렬을 B라 할 때 B의 역행렬은 A가 되고, 원래 행렬과 역행렬을 곱하면 언제나 단위행렬이 나오니까 원래 행렬과 역행렬의 곱셈에서는 교환법칙이 성립해.

2차 단위행렬 $E=\begin{pmatrix} 1 & 0 \\ 0 & 1 \end{pmatrix}$, 3차 단위행렬 $E=\begin{pmatrix} 1 & 0 & 0 \\ 0 & 1 & 0 \\ 0 & 0 & 1 \end{pmatrix}$

$AA^{-1}=A^{-1}A=E$

역행렬을 구하는 식은 다음과 같아.

2차 정사각행렬 $A=\begin{pmatrix} a & b \\ c & d \end{pmatrix}$의 역행렬은 $A^{-1}=\dfrac{1}{ad-bc}=\begin{pmatrix} d & -b \\ -c & a \end{pmatrix}$ (단, $ad-bc{\ne}0$)이다.

여기서 보다시피, 2차 정사각행렬 $A = \begin{pmatrix} a & b \\ c & d \end{pmatrix}$의 역행렬이 존재하기 위해서는 $ad - bc \neq 0$이어야 해.

행렬이 실제로 사용되는 때는, 표에 대한 계산을 할 때야. 이를테면 과자 생산업체 '짱맛나'라는 곳이 있다고 하자. 이 회사는 서울과 부산에 생산 공장이 있는데, 이 생산 공장에서 각각 생산량에 대한 표를 보내 왔어. 이 표에서 가로축이 물건의 종류, 세로축이 생산년도 그리고 각 칸에 들어가는 수는 생산량이라고 할 때, 서울 공장과 부산 공장에서 생산되는 생산량을 더해서 '짱맛나' 회사의 생산량 표를 만들고 싶다고 하자. 이럴 때 바로 행렬을 쓰면 돼. 서울 공장의 생산량 표를 행렬 A로 하고 부산 공장의 생산량 표를 행렬 B로 하면, $A + B$가 바로 '짱맛나' 회사의 연도별 생산량 표가 되지.

또는 좌표평면에서 회전 변환을 할 때도 행렬을 사용할 수 있어. 원래 좌표를 (x, y)라 하고 θ만큼 회전된 좌표를 (x', y')라고 할 때,

$$\begin{pmatrix} x' \\ y' \end{pmatrix} = \begin{pmatrix} \sin\theta & \cos\theta \\ \cos\theta & -\sin\theta \end{pmatrix} \begin{pmatrix} x \\ y \end{pmatrix}$$가 성립해.

$(1, 1)$을 $45°$ 회전시킨 점은 $\begin{pmatrix} \sin\dfrac{\pi}{4} & \cos\dfrac{\pi}{4} \\ \cos\dfrac{\pi}{4} & -\sin\dfrac{\pi}{4} \end{pmatrix} \begin{pmatrix} 1 \\ 1 \end{pmatrix}$에 의해 $(\sqrt{2}, 0)$이 된다.

다원 1차 연립방정식을 풀 때도 사용될 수 있지. 특히나 2원 1차 연립방정식을 풀 때는 2차 정사각행렬의 역행렬만 구하면 끝난 거나 다름없어.

1. 어떤 행렬에 곱해서 영행렬을 만드는 행렬은 영행렬뿐이다.

> **거짓** 행렬의 곱셈의 특징 중 하나이기도 한데, $AB=O$이라 해서 항상 $A=O$ 또는 $B=O$인 것은 아니다. $\begin{pmatrix} 1 & 0 \\ 1 & 0 \end{pmatrix}\begin{pmatrix} 0 & 0 \\ 1 & 1 \end{pmatrix}=\begin{pmatrix} 0 & 0 \\ 0 & 0 \end{pmatrix}$과 같이 영행렬이 아닌 경우에도 곱셈에서 영행렬이 나오는 경우가 존재한다. 하지만 행렬의 역행렬이 존재할 때, 즉 행렬 $A=\begin{pmatrix} a & b \\ c & d \end{pmatrix}$에서 $ad-bc \neq 0$인 경우에는 $AB=O$를 만족시키는 $B=O$뿐이다.

2. 행렬 $X=\begin{pmatrix} a & b \\ c & d \end{pmatrix}$, $E=\begin{pmatrix} 1 & 0 \\ 0 & 1 \end{pmatrix}$일 때 언제나 $X^2-(a+d)X+(ad-bc)E=O$이 성립한다.

> **진실** 이 식은 케일리 해밀턴의 공식으로 행렬의 계산에서 자주 사용된다. X와 같은 정사각행렬에서는 언제나 성립한다. 특별히 $a+d=0$이 될 경우 $X^2=(bc-ad)E$가 되어, X^{10}이나 X^{100} 같은 경우에도 아주 쉽게 구할 수 있다.

3. 2차 정사각행렬 X에 대해 $X^2-(a+d)X+(ad-bc)E=O$ 이 성립하면 언제나 행렬 $X=\begin{pmatrix} a & b \\ c & d \end{pmatrix}$를 만족한다.

> **거짓** 케일리 해밀턴 공식에서 $X=kE(k \in R)$인 경우, 즉 X가 단위행렬의 실수배일 경우 $k^2E-k(a+d)E+(ad-bc)E=O$에서 $k^2-k(a+d)+(ad-bc)=0$을 만족하는 k가 존재하면 이 또한 $X^2-(a+d)X+(ad-bc)E=O$을 만족하게 된다. 따라서 언제나 행렬 X가 $X=\begin{pmatrix} a & b \\ c & d \end{pmatrix}$를 만족한다는 것은 거짓이다.

4. 행렬 A, B에서 $A \times B = B \times A$는 언제나 성립한다.

거짓 우선은 행렬의 곱셈은 언제나 가능한 것이 아니다. $A \times B$가 가능하려면 행렬 A의 열의 수와 B의 행의 수가 같아야 한다. 이것이 같지 않으면 곱셈이 불가능 하므로 더 이상 논의할 여지가 없다.

5. 정사각행렬 A, B에서 $A \times B = B \times A$는 언제나 성립한다.

거짓 행렬의 계산에서 특히 신경써야 하는 부분이다. 참고로 $A = \begin{pmatrix} a_1 & b_1 \\ c_1 & d_1 \end{pmatrix}$, $B = \begin{pmatrix} a_2 & b_2 \\ c_2 & d_2 \end{pmatrix}$라 할 때 $a_1 = d_1$, $b_1 = c_1$이고 $a_2 = d_2$, $b_2 = c_2$인 경우에 한해 $A \times B = B \times A$를 만족한다. 즉, 대각선끼리 같은 원소인 정사각행렬에 대해서만 행렬의 곱셈 교환법칙이 성립한다.

예를 들어, $\begin{pmatrix} 1 & -1 \\ -1 & 1 \end{pmatrix} \times \begin{pmatrix} 2 & 1 \\ 1 & 2 \end{pmatrix} = \begin{pmatrix} 1 & -1 \\ -1 & 1 \end{pmatrix}$이고, $\begin{pmatrix} 2 & 1 \\ 1 & 2 \end{pmatrix} \times \begin{pmatrix} 1 & -1 \\ -1 & 1 \end{pmatrix} = \begin{pmatrix} 1 & -1 \\ -1 & 1 \end{pmatrix}$이므로 교환법칙이 성립한다. 이의 증명은 직접 $A \times B$와 $B \times A$를 계 산하여 두 값이 같도록 해주면 된다.

Q₁ $3x+y=5$, $x-2y=-3$일 때 $x+y$의 값은?

| ANSWER | 3

그냥 연립방정식 풀듯이 바로 풀어 버려도 되지만 행렬을 이용해 풀어 보자. 이 연립

방정식을 행렬의 형태로 바꾸면 $\begin{pmatrix} 3 & 1 \\ 1 & -2 \end{pmatrix}\begin{pmatrix} x \\ y \end{pmatrix}=\begin{pmatrix} 5 \\ -3 \end{pmatrix}$이 된다. $\begin{pmatrix} 3 & 1 \\ 1 & -2 \end{pmatrix}$의 역

행렬은 $\dfrac{1}{-6-1}\begin{pmatrix} -2 & -1 \\ -1 & 3 \end{pmatrix}=\dfrac{1}{7}\begin{pmatrix} 2 & 1 \\ 1 & -3 \end{pmatrix}$이 되고, 이를 양변에 곱하면 $\begin{pmatrix} x \\ y \end{pmatrix}=\dfrac{1}{7}$

$\begin{pmatrix} 2 & 1 \\ 1 & -3 \end{pmatrix}\begin{pmatrix} 5 \\ -3 \end{pmatrix}=\begin{pmatrix} 1 \\ 2 \end{pmatrix}$가 되므로 $x=1$, $y=2$이다. 정답은 3.

Q₂ 행렬 $A=\begin{pmatrix} a & 1 \\ -1 & -a+1 \end{pmatrix}$일 때 $\sum\limits_{n=0}^{4} A^n=kE$ (단, $k \in R$)를 만

족시키는 a 에 대해, a^{99}의 값은?

① -1 ② 0 ③ 1 ④ 2 ⑤ 100

| ANSWER | ① -1

우선 케일리 해밀턴의 공식을 이용하여 $A^2+A+(-a^2+a-1)E=O$이라 할 수 있

다. 따라서 $A^2+A=(a^2-a+1)E$이다. 양변에 A^2을 곱하면 $A^4+A^3=(a^2-$

$a+1)A^2$이 되므로, $\sum\limits_{n=0}^{4} A^n=E+A+A^2+A^3+A^4=E+(a^2-a+1)E+(a^2-$

$a+1)A^2$ 가 된다. 이때 $A^2=\begin{pmatrix} a^2-1 & 1 \\ -1 & -a-2 \end{pmatrix}$ 이므로 a가 어떤 값이 되더라도 단

위행렬의 실수배가 될 수 없다. 따라서 $a^2-a+1=0$을 만족해야 한다. 여기에 $a+1$

을 양변에 곱하면 $(a+1)(a^2-a+1)=a^3+1=0$이 되고, 따라서 $a^{99}=(a^3)^{33}=$

$(-1)^{33}=-1$이 된다. 정답은 ①번.

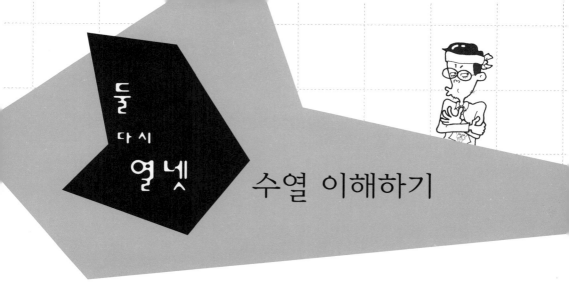

둘 다시 열넷

수열 이해하기

작은 하나 주절주절

이번 주절주절은 상당히 길 거야. 지금까지는 설령 중요한 내용이라도 아무 참고서나 보면 다 나와 있는 건 넘어간 부분이 많은데, 수열만큼은 좀 자세히 얘기해 보려구. 수열에서부터 어려움을 느껴서 수학을 포기하는 사람들이 많은 걸로 알고 있거든.

수열을 쉽게 이야기하자면, 여러 개의 수가 나열되어 있는 걸 말해. 수의 열이니 수열이라 하는 거지.

$1, 3, 5, 7, 9, \cdots, 4, -1, 0, 8, 10, 6$

하지만 이건 정확한 정의가 아냐. 수열의 정의를 제대로 내리려면 이렇게 말해야 해.

'자연수를 정의역으로 하는 함수'를 수열이라 한다.

수열은 위치를 숫자로 표현할 수 있잖아. 첫째 항, 둘째 항, 셋째 항, 이렇게. 첫째 항을 함수에 1을 넣었을 때의 값이라 하고, 둘째 항을 함수에 2를 넣었을 때의 값이라 해보자. 이런 식으로 하면 자연수를 정의역으로 하는 함수라는 의미는 결국 위치를 셀 수 있도록 수를 나열해 놓은 것이라는 의미잖아. 그래, 이게 바로 수열이야.

여러 나열된 수들 사이에 상관관계가 있느냐 없느냐는 수열이라 부를 수 있느냐 없느냐와는 별개의 문제야. 일 년 동안 매일 쓴 돈이 얼마인지 쭈욱 적어 놓은 것도 수열이라는 얘기지. 하지만 우리가 수열을 배우는 이유는 나열된 수 사이의 상관관계를 찾아서 일반항을 예측하고 정해진 규칙에 의해 수열의 합을 구하는 데 있으니까 보통은 각 항끼리 상관관계가 있는 수열들을 주로 다뤄.

그 상관관계가 일정한 수의 덧셈일 때, 그 수열을 등차수열이라고 불러. 등차, 즉 서로 인접한 두 항의 차가 모두 같다는 이야기지. 수열의 일반항을 a_n ($n=1, 2, 3\cdots$)이라 하면 $a_{n+1}-a_n=d$라 할 수 있어. 여기서 d를 공통된 차이, 즉 공차라고 해.

2, 4, 6, 8, 10… (공차 2), 4, 7, 10, 13, 16, 19… (공차 3), 2, 2, 2, 2, 2… (공차 0)

상관관계가 일정한 수의 곱일 때는 등비수열이라고 부르지. 역시 인접한 두 항의 비가 모두 같다는 거야. 수열의 일반항은 $\frac{a_{n+1}}{a_n} = r$이라 할 수 있어. r은 공통된 비율이라 공비라고 불러,

2, 4, 8, 16, 32, 64 (공비 2), $\sqrt{2}$, -2, $2\sqrt{2}$, -4… (공비 $-\sqrt{2}$), 2, 2, 2, 2… (공비 1)

조화수열은 상관관계가 좀 특이한데, 각 항의 역수에 대해서 등차수열이 성립하면 이걸 조화수열이라고 불러. 그래서 수열의 일반항은 $\frac{1}{a_{n+1}} - \frac{1}{a_n} = d$가 되지. 문제에 주로 나오는 수열은 등차수열이나 등비수열이긴 하지만, 조화수열도 개념은 알고 있어야 해.

$\frac{1}{2}$, $\frac{1}{4}$, $\frac{1}{6}$, $\frac{1}{8}$… (역수의 공차 2),
$\frac{1}{3}$, $\frac{2}{7}$, $\frac{1}{4}$, $\frac{2}{9}$, $\frac{1}{5}$… (역수의 공차 $\frac{1}{2}$)

지금까지 말한 등차수열, 등비수열, 조화수열 중에서 특히 등차수열과 등비수열은 수열의 가장 기본이자 핵심이야. 앞으로 이야기할 계차수열, 군수열, 멱급수 등은 이런 기본 수열을 어떻게 묶고 연결하느냐에 따라 만들

어지는 수열이니까, 등차수열과 등비수열만큼은 꼭 정확한 개념을 알고 있어야 해.

계차수열은 좀 어려워. 등차수열의 확장판으로 생각하면 될까. 등차수열은 각 항끼리의 차가 일정한 수열을 말하는 거잖아. 비슷하긴 한데, 계차수열은 각 항끼리의 차로 이루어진 수열(＝계차)이 상관관계를 가질 때 계차수열이라고 불러. 일반항을 a_n이라 하고, 계차의 일반항을 b_n이라 하면 $a_{n+1} - a_n = b_n$ 가 되지. 등차수열은 $b_n = d$, 그러니까 계차가 상수인 특별한 계차수열이야.

1, 3, 7, 13, 21, 31… (계차 2, 4, 6, 8, 10… 초항 2, 공차 2의 등차수열), 24, 22, 26, 18, 50, −14, 114… (계차 −2, 4, −8, 32, −64, 128… 초항 −2, 공비 −2의 등비수열)

군수열은 일반항이 하나씩으로 이루어져 있는 것이 아니라 군으로 묶여 있는 수열이야. 보통 괄호를 써서 하나의 군을 표현하지.

(1), (2, 3), (4, 5, 6), (7, 8, 9, 10)… (2), (4, 5), (8, 9, 10), (16, 17, 18, 19), (32, 33, 34, 35, 36)…

군수열을 쓰는 이유를 말하기 전에 왜 수열을 배우고 사용하는지에 대해 먼저 이야기 하는 게 낫겠다. 수열을 사용할 때는 여러 수를 놓고 그 수들의 연관관계를 찾거나, 수들의 연관관계가 주어지면 이걸 근거로 일반적인 표현법을 찾는 문제가 대부분이야. 다시 말하면, 연관관계를 알 수 있는 서너 개의 항을 가지고 일반항을 구하거나, 주어진 일반항을 가지고 100번째 항이든 1000번째 항이든 특정한 위치의 항의 값이 얼마가 될지 구한다는 거지. 그런데 2, 4, 5, 8, 9, 10, 16, 17, 18, 19, 32, 33, 34…라는 수열을 봐. 이게 어떤 연관관계가 있는지 알 수 있어? 어떤 곳에서는 등차수열인 듯도 하지만 전체적으로는 그런 것도 아니잖아. 연관관계를 알 수 없으니 이건 그냥 의미 없는 수의 나열이라고 볼 수도 있겠지만, 뭔가 어렴풋이 보이는 연관관계를 확실하게 만들 수만 있으면 그 관계로 일반항도 구할 수 있고 특정항도 구할 수 있으니 어떤 방법을 써서든 해보고 싶은 거야. 그래서 지금까지의 수열에서 배웠던 '하나의 항은 하나의 숫자다.' 라는 것을 확장시킨 거지. 하나의 항은 하나의 숫자가 아니라 하나의 숫자 덩어리다, 이런 식으로. 이렇게 해놓으면 한 항에 숫자가 하나 있든 여러 개 있든 숫자 덩어리는 덩어리니까 기존의 개념을 무너뜨리지도 않으면서 아까와 같은 수열도 (2), (4, 5), (8, 9, 10), (16, 17, 18, 19), (32, 33, 34, 35, 36)…으로 군을 사용해 묶으면, 각 군의 처음 항은 2, 4, 8, 16, 32… 이런 식으로 시작하는 등비수열이 되고, 처음 항에서 1씩 더해진 수가 군의 위치만큼의 개수가 되는 거지. 즉, 제 n군에 포함되는 항의 속성, 첫 번째 항은 2^n이고 그 군의 k번째 항은 $2^n + k - 1$ 가 되는 거야. 그리고 제 n군에 속하는 항의 개수는 k개가 되는 거구.

　이렇게 상관관계만 확실하게 있으면 어떤 항이든, 어떤 군이든 그 값을 알 수 있어. 물론 군수열이 쉬운 건 아냐. 게다가 문제에서 괄호로 묶어서 이 수열이 군수열임을 보여주는 경우도 있지만 그렇지 않고 그냥 항을 나열해 놓은 경우도 있어서, 이런 경우에는 직접 군으로 묶어 주어야 하니 더 골

치가 아프지. 그래서 상관관계를 찾을 때 다음과 같이 생각의 순서를 정해 둘 필요가 있어.

1. 앞 항과 서로 나누어서 그 비가 모두 같은 등비수열인지 확인한다.
2. 앞 항과 각각 차를 구해서 그 차가 모두 같은 등차수열인지 확인한다.
3. 앞 항과 각각 차를 구해서 그 차가 등차수열이나 등비수열이 되는 계차수열인지 확인한다.
4. 각 항의 역수를 만들어 그 차를 구해서 그 차가 모두 같은 조화수열인지 확인한다.
5. 각 항들을 서로 묶어서 군을 만들고 그 군의 초항이 등차, 등비, 계차, 조화수열이 되는지 확인한다. 즉, 군수열인지 아닌지 확인한다.

일반적으로 군수열로 묶을 때는 각 항을 1개, 2개, 3개, 4개 이런 식으로 묶는 경우가 대부분이야. 이게 2개, 4개, 8개, 16개 이런 식으로 묶으면 찾기가 힘드니까. 그리고 보통은 군수열이라고 가정하고 보면 아, 여기서 군으로 묶으면 되겠다고 보이게 마련이니까 너무 걱정하지는 마.

이제까지 수열의 정의에 대해 이야기했어. 각 항끼리의 차가 같은 등차수열, 각 항끼리의 비가 같은 등비수열, 역수가 등차수열이 되는 조화수열, 각 항끼리의 차가 일정한 수열이 되는 계차수열, 묶으면 관계가 성립되는 군수열까지. 자, 그럼 이번에는 점화식과 일반항에 대해 이야기해 보자. 정의만 확실히 알고 있으면 쉽게 할 수 있어.

우선 등차수열부터 보자. 각 항끼리의 차가 같은 수열이라 $a_{n+1} - a_n = d$ 라고 표현할 수 있어. 여기서 d는 일반 상수인 등차를 의미해. 만약 $a_1 = 1$,

$d=2$로 주어진 경우 이 식을 이용하면 $a_2=1+2=3$, $a_3=3+2=5$, $a_4=5+2=7\cdots$ 이런 식으로 어떤 항이든 구할 수 있거든. 이렇게 몇 개의 항을 근거로 나머지 항까지 주르륵 알 수 있게 만드는 이 식을 점화식이라고 해. 점화식은 말 그대로 점화를 시켜 주는 식이야. 휘발유를 부어 놓은 길을 쭉 타들어가게 만들어 주는 불꽃, 점화식. 그래서 점화식이 주어지면 연쇄 작용으로 일반항을 구할 수 있어. 단, 불을 붙이려면 최초의 불꽃은 있어야 하기 때문에 필요에 따라 초항이나 두 번째 항까지 주어져야 일반항을 결정할 수 있지.

$a_{n+1}-a_n=d$ 라는 점화식에서 등차수열의 일반항을 구해 보자. 일단 n에 1, 2, 3$\cdots$ 이렇게 넣어서 쭉 써보면 일반항을 어떻게 구하면 되겠다는 생각이 들 거야.

$$a_2-a_1=d$$
$$a_3-a_2=d$$
$$a_4-a_3=d$$
$$\cdots$$
$$a_n-a_{n-1}=d$$

이렇게 적어 놓고, 이 모든 식을 다 더해 버리는 거야. 그럼 좌변은 빗금 쫙쫙 그어지고 a_n-a_1만 남지. 우변은 이 식의 개수가 $n-1$개니까 $(n-1)d$라는 값이 될 거구. 그럼 $a_n-a_1=(n-1)d$가 되니까 $a_n=a_1+(n-$

$1)d$가 되고, 이게 등차수열의 일반항이야.

어떤 등차수열이건 이런 식으로 나타낼 수 있다는 거야. 이 증명법은 다른 수열들의 일반항을 구할 때도 요긴하게 쓰이니까 꼭 알고 있어야 해. 앞 항과의 차를 좌변으로 하고 그 값을 우변으로 한 다음 모든 식을 더해 버리면 모두 날아가는 거, 시원하지 않아? 분수들끼리 곱할 때 분자랑 분모랑 모두 날아가면 시원한 것처럼.

등차수열에서 하나만 더 알고 가자. 등차수열의 점화식을 $a_{n+1}-a_n=d$라 하기도 하지만 다른 방식으로도 표현할 수 있어. a_{n-1}이 있을 때 이건 a_n보다 d만큼 작은 수이고, a_{n+1}은 a_n보다 d만큼 큰 수니까 a_{n-1}과 a_{n+1}을 더하면 a_n을 두 번 더한 셈이 되거든. d는 날아가 버리구. 그럼 이걸 식으로 표현하면 $a_{n-1}+a_{n+1}=2a_n$이 되고, $\dfrac{a_{n-1}+a_{n+1}}{2}$이 되지.

이 식을 등차중항이라고 불러. 뒤의 항이랑 앞의 항으로 중간의 항을 만들었으니 중항이라고 부르는 게 아닐까 싶은데. 여기서 등차수열의 점화식인데도 등차 d를 쓰지 않고 점화식을 만들 수 있다는 걸 알아둬. a_1, a_2가 주어지면 $a_1+a_3=2a_2$가 되고, 여기서 $a_3=2a_2-a_1$로 a_3를 구할 수 있으니 같은 방법으로 어떤 항이든 구할 수 있겠지. 그리고 이렇게 보다시피 같은 수열을 표현하더라도 그 형태가 다른 점화식은 무수히 많아.

초항이 1이고 공차가 3인 등차수열의 일반항은 $a_n=1+3(n-1)=3n-2$이다. (단, $n \in N$)

등비수열의 일반항도 구해 보자. 앞의 항과 비율이 같은 수열이 등비수열이니 기본 점화식이 $\dfrac{a_{n+1}}{a_n}=r$이라고 한다는 건 알겠지. r은 같은 비율, 즉 등비라고 부르고. 여기서도 등차수열 구할 때처럼 $n=1, 2, 3\cdots\ n-2$,

$n-1$까지 적어 보자.

$$\frac{a_2}{a_1}=r,\ \frac{a_3}{a_2}=r,\ \frac{a_4}{a_3}=r,\ \cdots,\ \frac{a_{n-1}}{a_{n-2}}=r,\ \frac{a_n}{a_{n-1}}=r$$

이렇게 되니까, 이 모든 식을 곱하면 좌변은 분수 곱하기에서 분자 분모가 좌르륵 날아가고 남는 건 $\frac{a_n}{a_1}$ 뿐이야. 우변은 r을 $n-1$번 곱한 거니까 r^{n-1}이 되지. 결국 $\frac{a_n}{a_1}=r^{n-1}$이 되니까 일반항을 $a_n=a_1 r^{n-1}$이라고 할 수 있어. 어떤 등비수열이든 $a_n=a_1 r^{n-1}$ 형태로 나타낼 수 있다는 소리야.

3, 6, 12, 24, 48, 56…은 초항 3, 공비 2인 등비수열이므로 일반항 $a_n=3\times 2^{n-1}$이다.

여기서도 등차중항처럼 등비중항을 나타낼 수 있는데, $a_{n+1}=a_1 r^n$, $a_{n-1}=a_1 r^{n-2}$니까 $a_{n+1}a_{n-1}=a_1^2 r^{2n-2}=(a_1 r^{n-1})^2=a_n^2$이 돼.

즉, $a_n=\pm\sqrt{a_{n+1}a_{n-1}}$ 이 되고, 이 점화식을 등비중항이라고 불러. 이 식도 등차중항과 마찬가지로 등비 r을 사용하지 않고 점화식을 만든 거지. 일반항이나 등차중항이나 모두 알아 두는 게 좋아.

자, 이제 조화수열! 조화수열은 등차수열의 일반항을 알고 있다면 껌이야. 각 항의 역수가 등차수열이 되는 게 조화수열이니 $\frac{1}{a_{n+1}}-\frac{1}{a_n}=d$가 되고, 여기에서 $b_n = \dfrac{1}{a_n}$ 이라 하면 등차수열의 일반항에서 $b_n = b_1 + (n-1)d$

가 되고, 다시 치환하면 $\dfrac{1}{a_n} = \dfrac{1}{a_1} + (n-1)d = \dfrac{1 + a_1(n-1)d}{a_1}$ 이므로

$a_n = \dfrac{a_1}{1 + a_1(n-1)d}$ 가 되는 거야. 일반항을 구해보기는 했지만, 조화수열

은 많이 나오지도 않는 데다, 등차수열만 잘 알고 있으면 바로 치환해서 구

할 수 있으니까 저 일반식은 꼭 외우지 않아도 돼. 단, 등차수열의 일반항과

등비수열의 일반항은 무슨 일이 있어도 외우고 있을 것! 증명하는 과정까지

외우고 있어야 돼.

등차중항이나 등비중항처럼 조화중항도 있거든. $\dfrac{1}{a_{n-1}} + \dfrac{1}{a_{n+1}} = \dfrac{1}{a_n}$ 이 되

고, 여기서 $a_n = \dfrac{a_{n-1}\, a_{n+1}}{a_{n-1} + a_{n+1}}$ 이 돼. 등차중항, 등비중항, 조화중항을 다 알았

으니 이제야 말하고 싶던 걸 말할 수 있겠다.

자, 산술평균, 기하평균, 조화평균이 뭔지 알지? 두 양수 a, b 에 대해 산

술평균은 $\dfrac{a+b}{2}$, 기하평균은 $\sqrt{ab}$, 조화평균은 $\dfrac{ab}{a+b}$ 잖아. 어디서 많이 본

것 같지 않아? 그래, 바로 각 중항들과 표현법이 같잖아. 등차중항은

$a_n = \dfrac{a_{n-1} + a_{n+1}}{2}$, 등비중항은 $a_n = \sqrt{a_{n+1}a_{n-1}}$, 조화중항은 $a_n = \dfrac{a_{n-1}\, a_{n+1}}{a_{n-1} + a_{n+1}}$

(단, $a_n > 0$)이니까.

여기서 뭘 할 수 있냐면, 산술평균은 등차수열이 등차를 더해 주는 것과

같이 덧셈을 이용해 평균을 구하는 방식이고, 기하평균은 등비수열처럼 곱

셈을 통해 평균을 구하는 방식이고, 조화평균은 역수의 산술평균을 내는 방

식이라는 거야. 만약 산술, 기하, 조화평균을 알고 있다면 이 식을 이용해서

등차중항, 등비중항, 조화중항을 알 수 있고, 이 중항 점화식을 통해서 일반

항을 구할 수 있으니 혹시라도 수열의 일반식을 잊어 버렸다면 산술, 기하,

조화평균의 형태부터 생각을 시작할 수도 있다는 거야. 하지만 부디, 제발, 잊어 버리는 일은 절대로 없기를 바래.

계차수열의 일반항을 구하는 건 두 번의 계산 과정을 거쳐야 해. 일단 각 항의 차가 상관관계를 가지는 것이 계차수열이니까, $a_{n+1}-a_n=b_n$이라 적을 수 있지. 여기서 b_n은 등차수열이 될 수도 있고, 등비수열이 될 수도 있고, 아무튼 상관관계가 있어서 일반항을 구할 수 있는 수열이어야 해. 여기에서 등차수열의 일반항 구할 때처럼 $n=1, 2, 3 \cdots n-1$까지 넣고 식을 모두 더하면 좌변은 a_n-a_1이 남고, 우변은 b_k이란 수열을 $k=1$부터 $k=n-1$까지 더한 값이 되지. 즉, 수열의 합을 구할 수 없으면 계차수열의 일반항을 구할 수 없다는 소리야. 사실 계차수열 문제가 많이 나오는 이유가, 계차수열을 풀기 위해서는 수열의 일반항 구하는 법과 수열의 합 구하는 법을 모두 알아야 풀 수 있기 때문에 수열에 대한 지식이 있는지를 알아보는 데 딱이거든.

자, 여기서 수열의 합을 의미하는 기호인 시그마(Σ)를 배워 보자. 시그마는 '수열의 합을 구하시오'라는 소리를 대신해서 쓰는 거야. 계차수열의 일반항을 다음처럼 쓸 수 있잖아.

$a_n=a_1+$ (초항부터 $n-1$ 항까지의 b_k 의 합)

이걸 시그마를 써서 나타내면 $a_n=a_1+\sum\limits_{k=1}^{n-1} b_k$ 로 쓸 수 있어.

시그마 기호의 밑에는 합의 시작항을 쓰고, 위에는 합이 끝나는 항을 적는 거지. 그리고 오른쪽에는 합을 구할 수열의 일반항을 적되, k에 대한 식으로 적는 거야. $\sum_{m=1}^{n-1} b_m$이나 $\sum_{t=1}^{n-1} b_t$처럼 굳이 k를 쓰지 않아도 되지만, 일반적으로 k를 많이 쓰니까 특별한 이유가 없다면 밑은 k로 적어 주면 돼.

1, 3, 5, 7, 9…의 초항부터 n항까지의 합을 Σ를 써서 나타내면, 이 수열의 일반항은 $a_n=1+2(n-1)$이므로 $\sum_{k=2}^{n}(2n-1)$이다.

일반적인 합의 형태를 시그마를 사용해서 표시해 보자. C라는 상수를 n번 더하면 nC가 되는 건 알고 있잖아. 이걸 시그마로 표현하면 $\sum_{k=1}^{n} C = nC$가 되지. 그리고 분배법칙에 의해 $Ca_1+Ca_2+\cdots+Ca_n=C(a_1+a_2+\cdots+a_n)$이 되므로, $\sum_{k=1}^{n} Ca_k = C\sum_{k=1}^{n} a_k$가 되는 것도 금방 알 수 있을 거야.

또, $a_1+a_2+\cdots+a_m+a_{m+1}+\cdots+a_n=(a_1+a_2+\cdots+a_m)+(a_{m+1}+\cdots+a_n)$(단, $m<n$)이 되니까 $\sum_{k=1}^{n} a_n = \sum_{k=1}^{m} a_k + \sum_{k=m+1}^{n} a_k$라고 할 수 있지. 시그마로 쓰니까 어려워 보이는데, 그냥 m번째 항에서 합을 둘로 묶어 준 것을 표시했을 뿐이야.

1, 3, 5, 7, 9…의 첫째 항부터 n항까지의 합을 Σ를 써서 나타내면, 이 수열의 일반항은 $a_n=1+2(n-1)$이므로 합은 $\sum_{k=1}^{n}(2n-1)$가 된다.

보통 수열의 합을 표시할 때 대문자 S로 표시해. 합을 뜻하는 Sum의 머릿글자라서 S를 쓰는 게 아닐까 싶은데, 어쨌든 수열의 합을 나타내는 식은 $S_n = \sum_{k=1}^{n} a_n$과 같은 식이 되지. 제 n항까지 더한다는 의미로 S_n이라 쓰는 거야.

자, 그럼 여기서 수열의 일반항을 구하는 방법을 하나 더 알 수 있어. 초항부터 n항까지 더한 합 S_n에서, $n-1$까지 더한 합 S_{n-1}을 빼면 남는 건 a_n이야. 즉, $S_n-S_{n-1}=a_n$이 되는 거야. 합의 일반항을 알 수 있으면 수열의 일반항도 바로 알 수 있다는 거지. 이게 생각보다 자주 쓰이거든. 참, 여기서 중요한 것 하나. 절대로 잊지 말아야 할 것. $S_n-S_{n-1}=a_n$에서 n이 뭐냐에 따라 등식이 성립하지 않을 때가 있어. 바로 $n=1$일 때야. S_0이라는 건 존재하지 않거든. 그래서 이 식은 n이 2 이상일 때만 성립하는 식이지. 그렇기 때문에 다음처럼 초항은 특별히 따로 적어줘.

$$S_n-S_{n-1}=a_n \ (\text{단}, \ n \geq 2)$$
$$S_1=a_1$$

a_n의 초항 $a_1=1$이고, $S_n=n^2+n-1$이라 하자. 이때 a_n을 구하면 $a_1=S_1=1$이다. 만약 $S_n-S_{n-1}=a_n$에서 $a_n=n^2+n-1-(n-1)^2-(n-1)+1=2n$이 된다. 단, 이 식에서 $a_1=2$임에 반해 주어진 초항은 $a_1=1$이므로, 일반항을 $a_n=2n(n \geq 2)$, $a_1=1$과 같이 적어 주어야 한다.

이제 구체적으로 수열의 합을 어떻게 구하는지 알아 보자.

우선 등비수열의 합부터 알아 볼까. 등차수열이나 계차수열의 경우에는 $\sum\limits_{k=1}^{n} k$나 $\sum\limits_{k=1}^{n} k^2$을 알아야만 제대로 n에 대한 식을 나타낼 수 있거든. 이건 증

명하는 법도 다 알아야 하니까 나중에 배우고, 일단 등비수열의 합부터 해보자.

등비수열의 일반항 기억하지? $a_n=a_1 r^{n-1}$이라고 했었지. 이제 $\sum\limits_{k=1}^{n} a_1 r^{k-1}$을 구해야 하는데, 좀 막막하잖아. 우선은 $a_1 \sum\limits_{k=1}^{n} r^{k-1}$로 a_1을 뺄 수 있으니 $\sum\limits_{k=1}^{n} r^{k-1}$을 구하는 데만 집중해 보자. 보통 수열의 합을 구할 때 시그마로 표현하긴 하지만, 어떻게 접근해야 할지 모를 때는 식을 전개해 주면 푸는 법이 보이기도 해. 한번 전개해 보자.

$$\sum_{k=1}^{n} r^{k-1}=1+r+r^2+r^3+\cdots+r^{n-1}$$

여기서 한 가지 사용해야 할 식이 있는데, 이걸 못 알아내면 이 증명은 절대로 못하지. 사실 이 식을 바로 떠올리는 건 쉽지 않으니까 일단 알아만 둬.

$$(x^n-1)=(x-1)(x^{n-1}+x^{n-2}+\cdots+x+1)$$

이 식을 사용해야 해. 그럼 $x^{n-1}+x^{n-2}+\cdots+x+1=\dfrac{x^n-1}{x-1}$이 되니까, x에 r을 대입하면 최종적으로 이렇게 정리할 수 있어.

$$\sum_{k=1}^{n} a_1 r^{k-1}=a_1 \frac{r^n-1}{r-1}$$

단, $r \neq 1$ 이어야 해. $r=1$이면 분모가 0이 되어 버리니까. $r=1$일 때의 합은 그냥 $S_n=\sum\limits_{k=1}^{n} 1=n$으로 따로 생각해 주어야 하지.

등비수열의 합을 구할 때 실수하기 쉬운 부분이, $\sum\limits_{k=1}^{n-1} r^k$와 $\sum\limits_{k=1}^{n} r^{k-1}$이 다르다는 거야. 앞의 것은 $r+r^2+\cdots+r^{n-1}$을 구하는 거구, 뒤의 것은

$1+r+\cdots+r^{n-1}$을 구하는 거니까 딱 1만큼 차이가 나지.

등비수열의 합 공식은 이 공식만으로도 자주 사용되지만 극한 파트에서도 사용되는 매우 중요한 공식이니 꼭 외워 두어야 해. 뭐 자신 있으면 바로바로 증명해서 써도 괜찮겠지만 글쎄, 시간이 남아돌면 모를까. 하긴, $(x^n-1)=(x-1)(x^{n-1}+x^{n-2}+\cdots+x+1)$만 기억하고 있으면 어떻게든 구할 수 있겠다.

자, 등비수열의 합은 됐고 이제 등차수열과 계차수열의 합을 구해 보자. 등차수열의 일반항은 $a_n=a_1+(n-1)d$라 했으니 $S_n=\sum\limits_{k=1}^{n}(a_1+kd-d)=n(a_1-d)+d\sum\limits_{k=1}^{n}k$로 정리할 수 있어. 즉, 등차수열의 합을 구하기 위해서는 $\sum\limits_{k=1}^{n}k$가 뭔지 알아야 한다는 소리야. 이건 그리 어렵지 않게 구할 수 있어. 이 식을 전개하면 $\sum\limits_{k=1}^{n}k=1+2+3+\cdots+(n-1)+n$이 되잖아. 그런데 이 식을 n부터 거꾸로 써봐.

$\sum\limits_{k=1}^{n}k=n+(n-1)+(n-2)+\cdots+2+1$이 되고, 이 두 식을 더하면 $2\sum\limits_{k=1}^{n}k=(n+1)+(n+1)+(n+1)+\cdots+(n+1)$이 되잖아. $(n+1)$이 n개 있으니까 우변은 $n(n+1)$이 되지. 그럼 최종적으로 $\sum\limits_{k=1}^{n}k=\dfrac{n(n+1)}{2}$ 이라 할 수 있어. 간단하지?

한 김에 $\sum\limits_{k=1}^{n}k^2$도 구해 보자. 이건 좀 어려워. 아까 등비수열의 합을 구할 때처럼 특정한 식을 생각해내야 하거든. 그 식은 바로 $(x+1)^3-x^3=3x^2+3x+1$이야. 딱 보니까 감이 오지? 제곱식의 차를 만들어서 $x=1, 2, 3 \cdots n$ 까지 대입한 다음 그 식을 모두 더해 버리면 좌변은 $(n+1)^3-1$만 남

고, 우변은 $3\sum\limits_{k=1}^{n}k^2+3\sum\limits_{k=1}^{n}k+\sum\limits_{k=1}^{n}1=3\sum\limits_{k=1}^{n}k^2+3\dfrac{n(n+1)}{2}+n$ 이 되니까 모두 정리하면 이렇게 돼.

$$\sum_{k=1}^{n}k^2=\frac{1}{3}\left\{(n+1)^3-1-\frac{3n(n+1)}{2}-n\right\}=\frac{n(n+1)(2n+1)}{6}$$

결론을 다시 적어 보면 $\sum\limits_{k=1}^{n}k^2=\dfrac{n(n+1)(2n+1)}{6}$ 이야. 정리하니까 그래도 간단하지?

자, 그럼 도전. $\sum\limits_{k=1}^{n}k^3$ 은 어떻게 구하면 될까? 이것도 마찬가지로 다른 식을 사용해야지. 제곱합 구할 때와 같은 방식으로 생각하면 $(x+1)^4-x^4=4x^3+6x^2+4x+1$ 이 되고, 역시 $x=1, 2, 3 \cdots n$ 을 모두 대입하고 더해 주면 이렇게 돼.

$$(n+1)^4-1=4\sum_{k=1}^{n}k^3+6\frac{n(n+1)(2n+1)}{6}+4\frac{n(n+1)}{2}+n$$

정리하면, $\sum\limits_{k=1}^{n}k^3=\dfrac{n^2(n+1)^2}{4}=\left\{\dfrac{n(n+1)}{2}\right\}^2$ 이 돼. 이 식 어디서 많이 본 듯하지? $\sum\limits_{k=1}^{n}k^3$ 은 $\sum\limits_{k=1}^{n}k$ 를 제곱한 것과 같다고 기억해 두면 쉬울 거야. 그리고 문제 풀 때 계산 과정 중에 $\sum\limits_{k=1}^{n}k(k+1)$ 이라는 식이 나오는 경우가 많은데, 이건 이렇게 되거든.

$$\sum_{k=1}^{n}k(k+1)=\sum_{k=1}^{n}(k^2+k)=\frac{n(n+1)(2n+1)}{6}+\frac{n(n+1)}{2}$$
$$=\frac{n(n+1)(n+2)}{3}$$

이건 자주 쓰이기도 하고 외우기도 쉬우니까 외워 둬.

여기까지 하면 대부분의 수열 합은 구할 수 있어. 그리고 등차수열을 합을 구할 때는 이렇게 되지.

$$S_n = \sum_{k=1}^{n} (a_1 + kd - d) = n(a_1 - d) + d\sum_{k=1}^{n} k = n(a_1 - d) + d\frac{n(n+1)}{2}$$
$$= \frac{1}{2}\{dn^2 + (2a_1 - d)n\}$$

여기서 하나 느껴야 할 것은, 등차수열의 합은 n에 대한 2차다항식이라는 거야. 그리고 n^2의 계수가 공차 d가 되고.

계차수열의 합도 구해 보자. 우선 계차를 등차수열이라고 가정하고 $b_n = b_1 + (n-1)d'$라 하면 다음과 같이 정리할 수 있어.

$$S_n = \sum_{k=1}^{n}\left(a_1 + \sum_{t=1}^{k-1} b_t\right) = a_1 n + \sum_{k=1}^{n}\frac{1}{2}\{d'(k-1)^2 + (2b_1 - d')(k-1)$$
$$= a_1 n + \frac{d'}{2}\sum_{k=1}^{n} k^2 + \frac{(2b_1 - 3d')}{2}\sum_{k=1}^{n} k + (d' - b_1)n$$
$$= \frac{d'}{6}n^3 + \frac{b_1 - d'}{2}n^2 + \frac{1}{6}(6a_1 - 3b_1 + 2d')n$$

생각보다는 깔끔하게 정리되는 편이지? 이 공식은 물론 외울 필요는 없어. 그냥 이런 식으로 계차수열의 합을 구할 수 있다는 것만 알아 두면 돼. 하지만 계차가 등차인 계차수열 문제는 많이 나오는 편이니까 외워 두면 시

간이 없을 때 요긴하게 쓸 수 있을 거야. 그럼 다른 예들을 볼까?

1, 3, 7, 13, 21, 31…의 수열은 계차수열로, 초항은 1이고 계차는 등차수열이다. 계차의 초항은 2이고 등차는 2가 된다. 따라서 이 수열의 일반항은 이렇게 된다.

$$a_n = 1 + \sum_{k=1}^{n-1} \{2 + 2(k-1)\} = 1 + 2 \sum_{k=1}^{n-1} k$$
$$= 1 + 2(\sum_{k=1}^{n} k - n) = 1 - 2n + n(n+1) = n^2 - n + 1$$

이 계차수열의 제 n항까지의 합을 구해 보면 다음과 같다.

$$S_n = \sum_{k=1}^{n} k^2 - \sum_{k=1}^{n} k + n = \frac{n(n+1)(2n+1)}{6} - \frac{n(n+1)}{2} + n = \frac{n^3}{3} + \frac{2n}{3}$$

이제 계차가 등비수열인 계차수열의 합을 구해 보자. 계차 $b_n = b_1 r^{n-1}$이라 하면 이렇게 되겠지.

$$S_n = \sum_{k=1}^{n} (a_1 + \sum_{t=1}^{k-1} b_t) = a_1 n + \sum_{k=1}^{n} b_1 \frac{r^{k-1} - 1}{r-1}$$
$$= a_1 n + \frac{b_1}{r-1} \sum_{k=1}^{n} r^{k-1} - \frac{b_1}{r-1} n$$
$$= \left(a_1 - \frac{b_1}{r-1}\right) n + \frac{b_1}{r-1} \frac{r^n - 1}{r-1}$$
$$= \frac{b_1}{(r-1)^2} r^n + \left(a_1 - \frac{b_1}{r-1}\right) n - \frac{b_1}{(r-1)^2}$$

계차가 등차인 계차수열보다 좀더 쉽게 풀 수 있어. 하나 더 해보자.

1, 3, 7, 15, 31, 63⋯의 초항은 1, 계차는 등비수열이고 계차의 초항은 2, 등비는 2이다. 따라서 이 수열의 일반항은 $a_n = 1 + \sum_{k=1}^{n-1} 2^k = 1 + \dfrac{2(2^{n-1}-1)}{2-1} = 2^n - 1$이다. 이 수열의 제 n항까지의 합을 구하면 $S_n = \sum_{k=1}^{n} (2^k - 1) = \dfrac{2(2^n-1)}{2-1} - n = 2^{n+1} - n - 2$ 가 된다.

둘 다시 열다섯 극한 이해하기

극한은 쉬우면서도 나름대로 어려운 부분이야. 이를테면 극한에서 많이 나오는 무한 개념에 대해 생각해 보자. 극한 문제를 계속 풀다 보면 무한 (∞)끼리 더하고 빼고 나누고 하는 걸 보고 ∞이라는 것도 하나의 수와 같다고 착각하기 쉬운데, 이건 절대 아니야. ∞은 끝도 없이 큰 상태를 말하는 거거든. 그래서 어떤 수로도 표현할 수 없어. 이게 참 모순인데, 우리가 제 아무리 큰 수를 생각한다고 하더라도 그 수는 무한하지 않아. 왜냐하면 그 수에다 1을 더하면 더 큰 수가 나올 테고, 그럼 크기 비교가 가능하잖아. 무한이라는 건 비교할 수가 없어. 모든 무한집합은 서로 크기가 같아. ∞에 1을 더하나 1을 빼나 똑같이 ∞이 된다구. 심지어는 ∞에서 ∞을 빼도

∞일 수 있다니까. 으아, 이게 뭔 소리냐구? 그럼 0과는 어떨까? 모든 수에 0을 곱하면 0이 된다는데, 그럼 ∞에 0을 곱하면 어떻게 될까? 정답은 모른다, 야. 진짜로 알 수가 없어. 상황에 따라 다 틀려지거든. ∞은 깊이 생각 안 하면 쉬워 보이지만 생각하면 할수록 어려워져. 그도 그럴 것이, 이 ∞이라는 놈을 이해하려고 수학자들이 몇 백 년 이상 머리 싸매고 고민했거든. ∞에 대한 수학적 기틀을 마련한 칸토어라는 수학자는 ∞ 때문에 고민하다가 결국 정신병원까지 갔다니까.

∞이라는 건, 우리가 생각할 수 없어야 진정한 무한이라구. 근데 생각할 수도 없는 걸 이해하라는 것 자체가 참 골치 아픈 얘기지. ∞이랑 좀 비슷한 개념이 허수(i) 개념이라고 할까? 원래 루트 안에 음수가 들어가면 계산을 할 수 없었는데, 이걸 계산해 보자고 만들어낸 게 허수잖아. 실제로는 존재하지 않는 수를 수학적인 용도로 만들어낸 거라구. 무한도 비슷해. 아무리 끝도 없이 큰 수를 생각해낸다고 해도 사람의 머리로는 극한이 정확히 어떤 것이라고 그릴 수가 없어. 하지만 어떤 수를 0으로 나누었을 때 등 수학의 여러 계산 과정에서 무한이라는 개념은 꼭 필요해. 어떻게 보면 무한이라는 걸 생각하다가 극한이 나온 거라고도 할 수 있지.

극한을 한마디로 표현하자면, 갈 데까지 가보는 거야. 말 자체가 한계의 끝까지 간다는 말이잖아. 원래대로라면 1에 한없이 가깝다는 것과 1이라는 건 다른 얘기지만 극한의 계산에서는 같은 의미로 사용해. 0.9999999999999는 절대 1이 아니지만, 9가 끝없이 계속되는 0.99999…는 1과 같다는 거야.

극한의 기호는 lim를 쓰고, 이건 limit의 약자야. 영어사전 찾아 보면 알겠지만 limit는 한계라는 뜻이잖아. 그러니까 어떤 변수가 있으면, 이 변수가 주어진 한계까지 간다는 것이 극한이지. 가장 쉬운 예를 들어 볼까? $\lim_{x \to 3}(x-2)$라는 걸 풀어 보면 x가 3에 한없이 가까우니까, 이건 그냥 x에 3을 대입하는 거랑 같아. 물론 정확한 정의를 하자면 좀 틀리긴 하지만, 실은 극한 문제는 이렇게 그냥 변수에다가 극한으로 가는 수를 대입하면 풀리는 경우가 많거든. 어디 실제 문제에서 이런 산수 같은 문제가 나오겠냐고 생각하겠지만, 나온다니까. 다만 조금 꼬아 놓은 것뿐이지. 분수면 인수분해 해서 약분하고, 로피탈의 정리라는 거 쓰면 극한 문제는 쉽게 풀 수 있어.

로피탈의 정리라는 건 극한 계산을 훨씬 편하고 빠르게 할 수 있는 정리야. 로피탈의 정리를 적어 보면 다음과 같아.

$f(x)$와 $g(x)$가 a를 포함한 영역에서 미분 가능하고 $\lim\limits_{x \to a} f(x) = 0$, $\lim\limits_{x \to a} g(x) = 0$이거나 $\lim\limits_{x \to a} f(x) = \infty$, $\lim\limits_{x \to a} g(x) = \infty$일 때 $\lim\limits_{x \to a} \dfrac{f(x)}{g(x)}$ $= \lim\limits_{x \to a} \dfrac{f'(x)}{g'(x)}$가 성립한다.

실은 대학 수학에서 나오는 정리인데, 고등학교 때는 극한을 먼저 배우고 미분을 배우니까 거꾸로 미분을 사용해서 극한 문제를 푸는 과정이 나오기 힘들겠지. 아무튼 고등학교 때 나오는 극한 문제에서 $f(x)$나 $g(x)$는 99퍼센트 미분 가능하니까 로피탈의 정리를 쉽게 풀어 보면 이렇게 되지.

무한대 분의 무한대 꼴이나 0분의 0꼴의 극한 식에서 위 식과 아래 식을 미분한 결과와 미분하지 않은 결과는 똑같다.

Q₁ $\lim\limits_{x \to 1} \dfrac{x^2+x-2}{x-1}$ 은?

| ANSWER | 3

인수분해하면 $x^2+x-2=(x-1)(x+2)$ 니까 다음과 같이 된다.

$$\lim_{x \to 1} \frac{x^2+x-2}{x-1}$$
$$=\lim_{x \to 1} \frac{(x-1)(x+2)}{x-1}$$
$$=\lim_{x \to 1} (x+2)=3$$

그런데 이 문제에 로피탈 정리를 쓰면, 위 식을 미분하면 $2x+1$, 아래 식은 1이 되고 x에 1을 대입하면 3이 나온다. 굉장히 간단하게 풀 수 있다.

분수 형태로 나온 문제의 경우에는 로피탈 정리를 쓰면 거의 다 쉽게 풀 수 있을 것이다. 문제집을 펴놓고 로피탈의 정리로 극한 문제들을 풀어 보면 이 정리가 얼마나 괜찮은 것인지 알 수 있다. 다만 미분을 이용하기 때문에 미분에 대해서 다시 한번 공부해 두어야 한다.

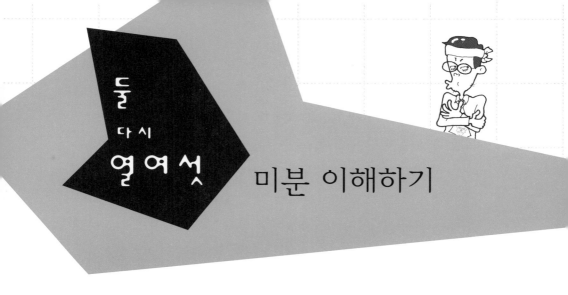

미분 이해하기

작은 하나 주절주절

 미분을 어떻게 하면 이해하기 쉽게 설명할 수 있을까 고민하다 보니, 수
학이란 학문이 참 어렵다는 게 새삼 느껴지더라. 고등학교 때는 그냥 교과
서에 나온 것만 보고 수식 설명만 이해할 수 있으면 된다고 생각했고, 미분
이라는 건 이거 저거 따질 필요 없이 $f(x)=x^2$이면 $f'(x)=2x$라는 미분
공식만 외우고 있으면 많은 문제들을 풀 수 있었으니까 미분이 뭐냐는 것에
대해 고민을 하지 않았었어.

한번 물어 보자. 미분이 대충 뭐라는 건 알지? x의 변화량이 한없이 0에 가까울 때 y의 변화량을 나타내는 것이라는 정의는 알고 있겠지만, 함수의 극대 극소를 구하거나 접선을 그릴 때 미분의 어떤 성질 때문에 이렇게 사용할 수 있는지 깊이 생각해 봤어? $f(x)=x^2$을 x에 대해 미분하면 $f'(x)=2x$이고, 그래서 $x=1$일 때의 미분계수가 2라는 건 알고 있겠지만, 그 2라는 놈이 도대체 어떤 의미를 갖는 건지 제대로 알고 있을까. 생각에 생각을 계속 하다 보면 왠지 지금까지 내가 알고 있던 것들이 모두 날아가 버리는 느낌이야. 과연 나는 제대로 알고 문제를 풀었던 것인가? 그냥 공식을 외워서 대입만 했던 건 아니었나……. 그것 때문에 《어쨌든 풀리는 수학》을 쓰고 있기는 하지만.

자, x라는 놈과 y라는 놈이 어떤 연속적인 관계를 가지고 있다면 x가 변했을 때 y도 뭔가 변화를 하든지 가만히 있든지 하겠지. 이때 x가 순간적으로 변한 양에 비해 y가 얼마나 변했는지를 나타내는 게 미분이야. x가 변화하는 양을 자르고 또 잘라서 아주 잘게(微分, 작을 미, 나눌 분) 잘라 봤을 때 그 변화하는 것에 비해 y가 얼마나 변화했는지가 바로 미분계수라구. 이렇게 얘기해도 감이 잘 안 오지? 예를 들어 볼게.

태호는 은희를 좋아해. 그래서 은희가 아주 조그만 행동을 해도 그 행동에 즉각 반응한다고 하자. 이를테면 은희가 학원에 가는 행동을 하면 태호는 그 뒤를 쫓아가고, 뭔가 물건을 들려고 하면 바로 뛰어가 먼저 들어 주는 행동을 하는 식이라고 할까? 즉, 은희의 모든 행동에 따라 태호의 행동이 바뀐다고 할 때, 태호의 행동을 은희의 행동에 대해 미분한다는 개념은 이거야. 은희 움찔할 때 태호 얼마나 움찔하니?

움찔이라는 건 정말 눈에도 보이지 않을 정도로 순간의 움직임이라고 생각하면 돼. 그리고 은희가 순간적으로 조금만 움찔해도 태호가 와장창 넘어지도록 행동을 한다면 태호가 지금 은희를 많이 좋아하니까 저러려니 할 거구, 은희가 어느 정도 움직여야 태호가 조금 반응한다면 태호가 지금 은희에게 별로 관심이 없나 보구나 하겠지. 즉 얼마나 움찔하는지의 정도에 따라 태호가 은희를 좋아하는 순간 순간의 정도를 알 수 있다는 거야. 이해돼?

지금의 내용을 수학적으로 표현해 보자. 은희의 행동이 x고, 은희의 행동에 따른 태호의 행동이 $f(x)$야. 이때 $f(x)$를 x에 대해 미분한 함수를 $f'(x)$라 하면 이렇게 되지.

$$f'(x) = \frac{\text{태호의 움찔 정도}}{\text{은희의 움찔 정도}} \ (\text{단, 움찔은 아주 짧은 시간의 움직임.})$$

$$= \frac{f(x)\text{의 아주 작은 변화}}{x\text{의 아주 작은 변화}}$$

원래 은희의 행동이 x고 움찔한 다음의 행동이 $x+\Delta x$라 하면 은희 행동의 변화량은 $(x+\Delta x)-x$가 되고, 이에 따른 태호 행동의 변화는 $f(x+\Delta x)-f(x)$이 되겠지. 그리고 아주 순간의 동작이라고 했으니 Δx는 0에 아주 가까운 무지하게 작은 수가 될 거야. 극한을 이용해서 정리해 보면 이렇게 되는 거야.

$$=\frac{f(x+\Delta x)-f(x)}{(x+\Delta x)-x}\ (\Delta x\text{는 0에 아주 가까움.})$$

$$=\lim_{\Delta x\to0}\frac{f(x+\Delta x)-f(x)}{(x+\Delta x)-x}$$

이게 미분 공식인 거 기억나지?

그런데 이 러브스토리로 미분을 완전히 이해하는 것에는 한계가 있어. 누가 만약 "제 아무리 사랑에 미쳤다고 해도 여자가 눈에 보이지도 않을 정도로 작은 행동을 하는 것에 어떻게 반응을 하겠어요? 말도 안 돼요! 억지 부리지 마요! 이해 안 돼요! 계속 억지 부릴 시간 있으면 만화책이나 좀 빌려와요!"라고 외쳐도 할 말이 없거든.

좋아, 이번에는 좀더 미분에 가까운 개념인 사진을 예로 들어 볼게. 사진이 연속적인 시간의 흐름 중에서 순간을 저장하는 매체이기 때문에 미분의 개념이랑 아주 비슷하거든. 사진 찍을 때 움직이면 어떻게 되는지 기억나지? 유령 사진처럼 잔상이 남잖아. 사진을 찍는다는 건 셔터가 열리고 닫히는 시간 동안 들어오는 빛을 필름에 담는 거야. 셔터가 열리고 닫히는 동안(이걸 보통 셔터 스피드 라고 해) 움직이면 그 움직임이 사진에 남아서 잔상이 보이는 거야. 만약 셔터 스피드가 1/60초일 때 사진에서 보는 움직이는 물체의 잔상이 한 3cm 정도 움직인 걸로 보인다면 이 물체의 1/60초 사이의 속도는 $1.8m/s$라고 계산할 수 있어.

몰래 사진기를 들고 떡볶이 가게 앞에 숨어서 누군가 방과 후에 떡볶이를 먹으러 가는 모습을 사진으로 찍는다고 해보자. 이 사진을 보면 떡볶이 가게에 들어가는 중인지 나오는 중인지 알 수 있어. 잔상이 떡볶이 집 뒤로 남으면 앞으로 이동하고 있다는 뜻이고, 앞으로 남으면 떡볶이 다 먹고 가는 중이라는 걸 알 수 있지. 그리고 잔상이 길면 아주 빨리 가고 있다는 뜻이

고, 잔상이 짧으면 천천히 가고 있다는 거야. 잔상이 전혀 없으면 정지해 있다는 뜻이고, 네가 정지했다는 건 떡볶이 가게에 도착했다든지 그냥 뭘 보느라고 멈춘 걸 의미하겠지. 그리고 반대 방향으로 잔상이 남기 시작하면 넌 떡볶이를 다 먹고 집에 가는 도중이라는 걸 의미해.

떡볶이 가게 앞에서 찍은 사진들을 보고 누군가가 다음에 어떤 행동을 할지 대충 예측할 수 있어. 단, 떡볶이 가게에 들어갔다가 나오는 동안 갑자기 방향을 틀거나 순식간에 멈추거나 하지 않는다면 말야. 사실 사람이 움직일

때 정말 순식간에 멈추어 선다든지 방향을 확 틀 수는 없거든. 순간적으로
그렇게 보인다고 하더라도 실제로는 아주 짧은 시간 동안 속도를 줄여서 멈
추거나 도는 거야. 물론 떡볶이 가게로 막 달려가고 있다가 하수구에 풍덩
빠지면 순간적으로 사라진 걸로 보이겠지만. 그럼 난 네가 어떤 방향으로
가려고 하는지 예측할 수가 없어.

　만약 셔터 스피드를 아주 빠른 1/1000초라고 해보자. 보통 이 셔터 스피
드로 사진을 찍으면 아무리 움직이는 물체라도 정지한 것처럼 보여. 하지만
실제로는 셔터 스피드만큼 짧은 시간 동안의 움직임이 사진에 찍히는 거야.
그 움직임이 너무 작아서 정지한 것처럼 보이는 거지. 돋보기를 들이대고 그 미세한 움직임의 변화를 측정할 수 있다면 그 변화량을 1/1000초로 나누어서 속도를 구할 수 있을 거야. 그럼 셔터 스피드가 아주 아주 빨라서 거의 0초에 가깝다고 하면, 이때 사진에 나타나는 움직이는 물체는 분명히 아주 아주 짧은 시간 동안의 움직임이 남겠지만, 이건 어떤 기계로도 그 움직임을 측정할 수 없을 정도로 작게 남겠지. 그 느끼지 못할 짧은 시간과 측정 불가능한 짧은 거리의 비율이 바로 미분값이야.

미분이 중요한 이유는, 미분값이 나타내는 순간의 변화량을 보고 함수가 어떻게 변하고 있는지 알 수 있다는 거야. 마치 사진의 잔상을 보고 그 시간 동안의 속도를 알 수 있고, 다음에 어떤 움직임을 보일지 어느 정도 예측할 수 있는 것처럼. 사진의 잔상이 뒤로 남으면 사진을 찍을 당시에 물체가 앞으로 가고 있다는 걸 알 수 있듯이, $x=a$에서의 함수 $f(x)$의 미분값 $f'(a)$가 0보다 크면 $f(x)$는 $x=a$에서 증가하고 있다는 걸 알 수 있어. 반대로 미분값 $f'(a)$가 0보다 작으면 $f(x)$는 $x=a$에서 감소하고 있다는 걸 알 수 있겠지. 위에서 예로 든, 하수구에 빠졌을 때 사진을 찍으면 어떻게 움직이는지 알 수 없는 것은 미분할 때 정해진 구간 안에서 함수가 연속이 아니라면 미분 불가능하다는 것과 같은 개념이야. 이해돼?

$f'(1)=4$라는 의미는, $x=1$을 기준으로 좌우로 아주 조금의 변화에 대해 $f(x)$가 그 변화량의 4배나 더 커진다는 뜻이야. 그리고 4는 양수이기 때문에 $f(x)$는 $x=1$에서 증가하고 있다는 것 또한 알 수 있지. $f'(2)=2$라면 x의 미세한 변화에 대해 $x=2$일 때가 $x=1$일 때보다 $f(x)$가 2배 적게 변화한다는 걸 알 수 있어. 이때 착각하면 안 되는 것이, 증가 추세는 줄어

들었지만 위치는 여전히 증가할 수 있다는 사실이야. $10m/s$로 날아가던 공이 속도가 줄어들어서 $8m/s$, $6m/s$, $4m/s$, $2m/s$, $0m/s$, $-2m/s$처럼 된다고 해도 실제 속도가 음수가 되기 전까지는 계속 전진하는 거야. 그냥 공을 하늘로 던지면 던지는 그 순간부터 계속 중력가속도를 받아서 속도가 줄어들지만 최고점에 닿기 전까지는 위치는 계속 올라가는 것처럼.

$f'(3)=0$이라면 $x=3$에서 증가 추세가 완전히 0이 되었음을 의미하고, 일정 구간 안에서 x가 3보다 클 때 $f'(x)<0$이 된다면 그때부터 $f(x)$가

감소한다는 걸 의미해. 3을 기준으로 해서 x가 3보다 작을 때는 계속 증가하고 있었으면 3보다 작은 어떤 수의 함수값보다도 $f(3)$이 클 것이고, 반대로 x가 3보다 클 때는 감소한다면 역시 3보다 큰 어떤 수의 함수값보다도 $f(3)$이 크게 되겠지. 그래서 $f(3)$은 극대값이 되는 거야. 극소값의 개념도 같은 과정을 거치면 알 수 있겠지. 미분의 개념을 생각해 보면 x값 하나에 미분값 하나가 대응한다는 것도 이해할 수 있을 거야. 분신을 하지 않는 이상 하나의 물체가 앞으로도 가고 뒤로도 가는 두 가지 움직임을 동시에 할 수는 없으니까. 그리고 막 앞으로 달려가다가 순간적으로 하수구로 빠져 버리면 그 순간의 사진을 보고 어떤 일이 벌어졌는지 알 수 없는 것처럼, 순간적으로 함수의 방향성이 바뀌어 버리는 첨점(꼭지점)에서는 미분값을 구할 수가 없다는 거 이해되지?

이렇게 온갖 예를 들면서 미분에 대해 설명을 한 이유는, 미분으로 순간의 변화 정도와 방향을 예측할 수 있다는 것을 이용해 함수의 변화량, 증가와 감소, 극대값과 극소값, 접선, 최대 최소, 그래프 그리기 등 온갖 곳에서 사용하기 때문이야. 엄청 중요하지. 게다가 미분을 이해하면 적분도 훨씬 쉽게 이해되기 때문에 좀 자세하게 설명을 했어.

그래도 미분을 배웠으면 미분 공식은 외우고 있어야지. 계산에 자신있는 사람은 그냥 필요할 때 미분 정의에 의해 증명해서 써도 되지만 그러지 말고 그냥 외우자. 증명하는 법을 알고 있다는 것과 언제나 증명해서 써야 한다는 건 다른 얘기니까. 다섯 번째 장에 모든 공식을 모아 놓았으니까 거기서 미분 공식을 찾아 봐도 되고, 아니면 아무 참고서나 펼쳐 봐도 자세하게

다 나와 있으니까 여기서 모든 미분 공식을 적는 건 생략. 다만 이것만 알고 가자.

$$(x^n)' = nx^{n-1}$$

이거야 기본 중의 기본인데, 예를 들면 x^2을 미분하면 $2x$, x^3을 미분하면 $3x^2$이 되는 거지. 이건 미분 정의인 $\lim\limits_{\Delta x \to 0} \dfrac{f(x+\Delta x)-f(x)}{\Delta x}$ 에 따라 한 번 증명해 보는 게 좋을 거야. 음, x^2의 미분함수 구하는 걸 직접 해보자.

$$\lim_{\Delta x \to 0} \frac{(x+\Delta x)^2 - x^2}{\Delta x} = \lim_{\Delta x \to 0} \frac{x^2 + 2x\Delta x + (\Delta x)^2 - x^2}{\Delta x} = \lim_{\Delta x \to 0} 2x + \Delta x = 2x$$

그리고 n이 정수가 아니라 유리수일 때도 적용되니까, $x^{\frac{1}{3}} = \dfrac{1}{3} x^{-\frac{2}{3}}$ 도 되는 거 잊지 말구. 그럼 조금만 꼬아 볼까? x^n을 n번 미분하면? (단, n은 자연수). 답은 $n!$이야.

$$\{f^n(x)\}' = xf^{n-1}(x) \times f'(x)$$

이건 위의 공식에서 x 대신에 $f(x)$가 들어간 건데, 위의 공식보다 이 공식을 외우는 게 더 다양하게 사용할 수 있을 거야. x를 미분하면 1이 되니까 결과는 같거든. 문제 풀 때 이 미분 공식은 거의 사용하지 않는 곳이 없으니까 필수적으로 외워둬. 쉽게 외우려면, 잘 봐. 계란이 있는데 속이랑 겉을 다 빨갛게 만들고 싶어. 그럼 어떻게 하지? 일단 겉을 빨갛게 칠하고, 그 다음에 껍질을 깨서 속을 빨갛게 해야 모두 빨갛게 되잖아. 그러니까, 전체적으로 미분하고, 안에 알맹이만 다시 미분해서 곱해 준다고 생각해. 예를 들어 $(x^2-3)^2$을 미분하면 $2(x^2-3) \times 2x = 4x^3 - 12x$가 되는 거야. 한번 전개해서도 미분해 보자. $(x^2-3)^2$을 전개하면 $x^4 - 6x^2 + 9$가 되고, 이 식을 위 공식에 따라 미분하면 $4x^3 - 12x$가 되잖아. 똑같지?

$$\left(\frac{1}{x}\right)' = -\frac{1}{x^2}$$

이건 밑의 분수식의 미분 공식만 알고 있어도 되고, $x^{-1} = -1 \times x^{-1-1} = -\frac{1}{x^2}$이라는 것처럼 위의 공식을 이용해도 되고. 하지만 워낙 자주 나오니까 그냥 반사적으로 사용할 수 있도록 외워 놔.

$$\left(\frac{f(x)}{g(x)}\right)' = \frac{f'(x)g(x) - f(x)g'(x)}{g^2(x)}$$

언뜻 보기에 공식이 어려운 것 같지만, 그렇게 어려운 건 아냐. 게다가 워낙 자주 쓰이니까 꼭 외워 둬야 해. 이 공식은 미분할 때 필수적으로 알아 놓아야 할 공식 중 하나이기도 하지만, 실수하기 아주 쉬운 공식이기도 해. 분자부터 미분하는지 분모부터 미분하는지, 아니면 빼는 건지 더하는 건지 헷갈리기 쉬우니까 확실하게 외우라구. 실수해서 틀리든, 몰라서 틀리든 똑같으니까.

작은 돌 예 좀 봐요

Q₁ 함수 $f(k) = x^n$을 k번 미분한 식 (단, n, k는 자연수, $n > k$)이라
고 정의할 때 $\left\{ \dfrac{x^3 f(k)}{f(k-3)} \right\} = 60$을 만족하는 순서쌍 (n, k)는?

① $(18, 6)$ ② $(23, 19)$ ③ $(33, 31)$ ④ $(6, 3)$ ⑤ $(15, 10)$

| ANSWER |　③ $(33, 31)$

$\dfrac{x^3 f(k)}{f(k-3)} = \dfrac{x^3 \{ n(n-1)(n-2)\cdots(n-k+1)x^{n-k} \}}{\{ n(n-1)(n-2)\cdots(n-k+4)x^{n-k+3} \}} = (n-k+3)(n-k+2)$

$(n-k+1)$이다. 연속된 세 자연수의 곱이 60이 되려면, $3 \times 4 \times 5$가 되어야 하므로
$n-k=2$를 만족해야 한다. 따라서 정답은 n과 k의 차이가 2인 ③번.

Q₂ 다항식 $f(x)$가 모든 x에 대해 $f'(x) + f^2(x) = 0$ (단, $x \neq 0$인
실수)을 만족할 때 $f(1)$의 값은?

① 1　　② $\dfrac{1}{2}$　　③ 2　　④ $\dfrac{3}{2}$　　⑤ 0

| ANSWER |　① 1

어렵게 느껴질 것이다. 실제로도 어렵다. $f(x)$가 항이 두 개 이상, 즉
$f(x) = ax^n + g(x) (a \neq 0)$라 하면 $f'(x) = anx^{n-1} + g'(x)$가 된다. $f'(x) = -f^2(x)$에
서 $anx^{n-1} + g'(x) = -a^2 x^{2n} - g^2(x) - 2anx^2 g(x)$가 항상 성립해야 한다. 이 항등식
이 x에 관계없이 성립하기 위해서는 $g(x) = 0$이 될 수 밖에 없고, 이 때 $anx^{n-1} - a^2 x^{2n}$
을 만족하려면 $n-1 = 2n$에서 $n = -1$, 그리고 $-a = -a^2$에서 $a = 1$이어야 한다. 따
라서 $f(x) = \dfrac{1}{x}$이 되고 여기서 $f(1) = 1$이므로 정답은 ①번.

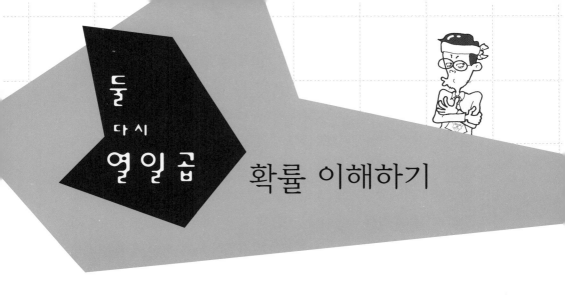

둘
다시
열일곱

확률 이해하기

작은 하나 주절주절

   아침에 일어나서 오늘은 꼭 자장면과 짬뽕, 군만두를 모두 먹어 보고 싶
은 생각이 들었어. 그럼 자장면, 짬뽕, 군만두를 하루에 모두 먹는 방법 에
는 몇 가지가 있을까? 아침, 점심, 저녁에 한 끼씩 먹는다고 하면 이렇게 모
두 6가지의 경우가 있네.

   아침 : 자장면   점심 : 짬뽕   저녁 : 군만두
   아침 : 자장면   점심 : 군만두   저녁 : 짬뽕

아침 : 짬뽕	점심 : 자장면	저녁 : 군만두
아침 : 짬뽕	점심 : 군만두	저녁 : 자장면
아침 : 군만두	점심 : 자장면	저녁 : 짬뽕
아침 : 군만두	점심 : 짬뽕	저녁 : 자장면

이걸 일일이 써서 푸는 방법도 있지만, 좀더 쉽게 풀어 보자. 아침에 먹을 음식은 3가지 중에 아무거나 하나 고를 수 있어. 점심에 먹을 음식은 아침에 먹은 것 빼고 나머지 2가지 중에 하나를 골라야 하지. 저녁에 먹을 음식은 3가지 중에 남은 1가지야. 그럼 아침 3가지× 점심 2가지× 저녁 1가지 해서 모두 6가지가 되지. 왜 더하지 않고 곱했냐구? 확률에선 절대로 동시에 일어날 수 없는 일들이 모여 있을 때는 더하지만, 서로가 서로에게 영향을 주거나 동시에 일어날 수 있는 일들의 경우에는 곱하기를 해. 좀더 쉽게 말하면, '그리고'로 연결될 수 있는 일의 경우에는 곱하기를 하고, '또는'으로 연결되는 일에는 더하기를 하지. 여기서는 아침 그리고 점심 그리고 저녁이잖아. 그래야 하루 식단이 완성되지.

자, 이번엔 어떤 가수가 콘서트를 하는데, 아직 유명하지 않아서 겨우 50명만 왔어. 그래도 그렇게 와준 애들이 고마워서 CD에다 사인을 해서 주기로 했다. 근데 CD는 10장밖에 없어. 그래서 서로 받으려고 애들이 막 난리가 나서 할 수 없이 50명의 참석자들 중에서 10명만 뽑아서 줄을 세우기로 했다고 하자. 자, 그럼 50명 중에서 10명을 뽑아 순서대로 줄을 세우는 방법이 몇 가지나 있을까. 제일 처음에는 50명 중에서 1명을 뽑는 거니까 50가지 경우가 있을 거야. 그리고 다음에는 먼저 뽑은 1명을 제외하고 나머지 49명 중에서 1명 뽑으니까 49가지가 경우가 생길 거구. 또 다음에는 48가지, 47가지… 이렇게 되다가 마지막에는 41명 중에서 1명을 뽑으면 CD를 나누어 줄 10명을 모두 뽑는 셈이 되잖아? 그럼 최종적인 경우의 수는 $50 \times 49 \times 48 \times \cdots \times 41$이 되겠지. 이 계산 값은 생각보다 어마어마하게 커. 약 37,300,000,000,000,000 이 된다구. 1명 줄 세우는 데 10초 걸린다고 생각하면 50명 중에 10명 뽑아서 줄을 세우는 경우를 모두 시도해 본다고 할 때 무려 118억 년이 걸리는 거야. 우주의 나이는 40억 년이니 빅뱅이 시작되는 순간부터 줄을 세워도 아직 반도 못 세워본 거네. 거 참.

　아무튼, 이렇게 모두 n개가 있을 때 이 중에서 k개를 순서대로 뽑는 경우의 수는 $n \times (n-1) \times (n-2) \times \cdots \times (n-k+1)$가 돼. (단, n, k는 자연수. $n \geq k$). 일반적으로 써놓으니까 어려운 것 같지만, 아까 해본 50명 중에서 10명 뽑는 경우의 수가 $50 \times 49 \times 48 \times \cdots \times 41$이라는 거 생각해 봐. 똑같지? 그리고 이 공식은 경우의 수 계산할 때 많이 사용하기 때문에, $_nP_k$라는 표시를 따로 만들었어. 50명 중에 10명을 뽑아 순서대로 줄을 세우는 경우의 수는 $_{50}P_{10}$이 되겠지.

$$_nP_k = n \times (n-1) \times (n-2) \times \cdots \times (n-k+1) \,(\text{단, } n, k \text{는 자연수,}$$
$$n \geq k)$$

　위의 공식이 어려우면 조금 쉽게 만들어 보자. $(n-k)! = (n-k) \times (n-k-1) \times \cdots \times 2 \times 1$이니까, 이걸 이용해 보는 거야. 저 식에 위 식에 $(n-k)!$을 곱하고 다시 나누어 주면 등식에는 변화가 없지? 결국 1을 곱하는 셈이니까.

$$_nP_k = n \times (n-1) \times (n-2) \times \cdots \times (n-k+1) \times \frac{(n-k)!}{(n-k)!}$$

$$= n \times (n-1) \times (n-2) \times \cdots \times (n-k+1) \times (n-k) \times$$

$$(n-k-1) \times \cdots \times 2 \times 1 \div (n-k)!$$

$$= \frac{n!}{(n-k)!}$$

아까 $_nP_k$를 쓸 때 순서가 정해진 사건에 대해서만 사용한다고 얘기했었지? 그런데 꼭 순서대로 하는 것에만 $_nP_k$를 쓰는 건 아니구, 뽑힌 대상 자체의 차이 말고 뭔가 다른 차이로 구별될 수 있을 때의 경우의 수를 구할 때 $_nP_k$를 사용하면 돼.

만약 '색이 서로 다른 10개의 공 중에 5개를 선택해 사람이 붓으로 직접 동그라미를 그릴 때 나올 수 있는 경우의 수는?' 이라는 질문이 있다고 하자. '순서대로' 라는 말도 없고 '그냥 선택한다' 고 하니까 $_nP_k$를 쓰면 안 될 것 같지? 근데 질문을 잘 보면 사람이 직접 동그라미를 그린다는 말이 있어. 사람이 동그라미를 그리면 제 아무리 똑같이 그린다고 해도 조금씩 차이가 날 수밖에 없다구. 게다가 똑같이 그린다는 말도 없으니 선택된 5개의 공에 그려진 동그라미는 모두 다르다고 봐도 돼. 그럼 $_nP_k$를 써도 된다는 뜻이야. 공을 대상이라고 하고 동그라미를 그리는 행동을 행위라고 할 때, 대상 자체의 특성(색)으로 구별할 수 있고 행위에 의해서도 구별할 수 있으면(동그라미 모양) $_nP_k$를 사용한다는 거지. 50명 중에서 10명을 뽑아 줄을 세운다고 할 때 얼굴 생김새 같은 사람의 특징으로도 구별이 되지만 "야, 너 몇 번 째에 서 있었어?" "응, 나 일곱 번째." "나는 아홉 번째였어. 겨우 뽑혔다." 이렇게 줄에 선 순서로도 서로 구별될 수 있기 때문에 $_nP_k$를 쓰는 거야.

조금 질문을 바꾸어 볼까? 만약 '색이 서로 다른 10개의 공 중에 5개를 선택해 기계로 동그라미 도장을 찍을 때 나올 수 있는 경우의 수는?' 이라는 질문이라면 어떨 것 같아? $_{10}P_5$를 써도 될까, 안 될까? 기계로 똑같이 도장을 찍은 거면 서로 구별할 수 없이 완전히 같은 동그라미가 찍힐 테니까, 색이 다른 공 5개를 골라내면 색상 이외의 차이는 생기지 않기 때문에 이때는 $_{10}P_5$를 쓰면 안 되고 $_{10}C_5$를 써야 해.

자, 그럼 C라는 것에 대해 알아 보자구.

학교 끝나고 오는 길에 튀김이 먹고 싶어 분식집에 들렸다고 하자. 분식집에서 파는 튀김의 종류는 오징어 튀김, 야채 튀김, 고구마 튀김, 김말이 튀김, 군만두야. 가격은 모두 하나에 200원인데 네가 지금 가진 돈은 600원밖에 없어. 5종류의 튀김 중에서 3개만 먹을 수 있는데 아무래도 같은 종류를 먹기는 싫고 종류당 하나씩만 먹는다고 해보자. 근데 도저히 뭘 먹을지 고르지를 못하겠는 거야. 어쩔 수 없이 5종류의 튀김을 하나씩 꺼내 놓고 눈 감고 3개를 고르려고 해. 이런 경우에 오징어 튀김, 야채 튀김, 고구마 튀김을 먹을 수도 있을 거구, 야채 튀김, 김말이 튀김, 군만두를 먹을 수도 있을 거야. 그럼 먹을 수 있는 튀김들의 조합은 몇 가지나 될까?

여기서 생각해야 할 건, 야채랑 고구마랑 김말이 튀김을 먹을 때 야채 튀김 먼저 먹느냐 김말이 튀김 먼저 먹느냐는 건 중요하지 않다는 거야. 중요한 건 분식집에서 나올 때 어떤 튀김들을 먹고 나왔느냐는 거지. 즉, 야채 튀김 먼저 먹고 고구마 튀김을 나중에 먹을 수도 있고 고구마 튀김 먼저 먹고 야채 튀김을 먹을 수도 있지만 결과적으로 두 경우 모두 배 속에 들어간 튀김은 같잖아. 그런 의미야.

먹는 순서를 생각한다면 (야채, 고구마, 오징어) (야채, 오징어, 고구마) (고구마, 야채, 오징어) (고구마, 오징어, 야채) (오징어, 고구마, 야채) (오징어, 야채, 고구마)는 모두 다른 조합이지만, 순서를 생각하지 않는 다면 야채—고구마—오징어 튀김이라는 1가지 조합으로 묶을 수 있다는 거 이해돼? 반대로 야채—고구마—오징어 튀김이라는 1가지 조합으로 먹는 순서를 생각한다면 6가지 조합을 만들 수 있다는 것도 알겠어? 저 6이라는 수는 어디서 나온 거냐 하면 , 3가지 튀김을 순서대로 늘어 놓는 경우의 수야. 즉, 3가지 튀김 중에 하나를 고르고, 나머지 2개 중에서 하나 고르고 , 마지막에는 그냥 남는 거 하나 고르고. 그럼 $_3P_3$=6이 되는 거야.

그럼 5개의 튀김 중에서 3개의 튀김을 순서대로 고르는 방법의 수를 구한 다음, 순서를 생각하지 않는다고 할 때 6개씩을 하나로 묶을 수 있으니 6으로 나누면 답이 나오겠지? 5개 중 3개를 순서대로 고르는 건 $_5P_3$=5×4×3=60가지이고 이걸 6으로 나누면 10이 나오네. 이게 답이야. 5개의 튀김 종류 중 3개의 튀김을 골라 먹는 방법의 가짓수는 10가지.

지금까지 나온 얘기들을 정리해 보자. n개 중에서 순서에 상관없이 k개를 고르는 경우의 수는, n개 중에 순서대로 k개를 고르는 경우의 수를 구한 다음 k개를 순서에 따라 늘어 놓는 경우의 수로 나누어 주면 되는 거야. 순서에 따라 늘어 놓을 수 있는 조합들을 순서를 상관하지 않는다면 하나로 묶을 수 있기 때문이지. 그럼 n개 중에서 순서에 상관없이 k개를 고르는 경우의 수를 $_nC_k$라고 한다면 다음으로 정리할 수 있지.

$$_nC_k = \frac{n\text{개 중에서 순서에 따라 } k\text{개를 고르는 경우의 수}}{k\text{개를 순서대로 늘어 놓는 경우의 수}}$$

$$= \frac{_nP_k}{_kP_k} = \frac{_nP_k}{k!} = \frac{n!}{(n-k)!\,k!}$$

저 공식을 외워서 사용해도 되기는 하지만 조금 더 쉽게 계산하려면 이렇게 할 수 있어.

$$_nC_k = \frac{n!}{(n-k)!\,k!}$$

$$= \frac{n \times (n-1) \times (n-2) \times \cdots \times (n-k+1) \times (n-k)!}{(n-k)!\,k!}$$

$$= \frac{n \times (n-1) \times (n-2) \times \cdots \times (n-k+1)}{k!}$$

일반적인 수식으로 적어 놓으니까 계산하기 어려워 보이는데, C 앞의 수를 1씩 줄여가면서 k개만큼 곱한 결과를 $k!$로 나누면 돼. 그러니까 $_5C_3$은 $5 \times 4 \times 3$을 $3 \times 2 \times 1$로 나누면 되고, $_9C_4$는 9부터 하나씩 줄여서 4개의 수를 곱한 $9 \times 8 \times 7 \times 6$을 $4!$로 나누면 되는 거구.

역시 $_nC_k$도 $_nP_k$와 마찬가지로 공식을 외우는 것도 중요하지만 의미를 아는 것이 더 중요해. $_nC_k$는 순서를 생각하지 않고 대상의 상태에 따라서만 조합하는 경우의 수를 계산할 때 쓰고, $_nP_k$는 순서를 생각하고 조합하는 경우에 쓴다는 것 잊지 말구. 만약 $_nC_k$의 의미를 잘 이해하고 있다면 이것도 이해할 수 있을 거야. 5개 중에 3개를 뽑는 경우의 수는 5개 중에서 남아야 할 나머지 2개를 고르는 경우의 수와 같다는 것 이해돼? 5명 중에서 미팅 나갈 사람 4명을 뽑는 경우의 수나, 미팅 안 나갈 나머지 1명을 뽑는 수나 똑같다는 얘기지. 이해가 안 되면 한번 계산해 봐. 저 공식을 사용해서. 5명 중에서 순서에 상관없이 4명 뽑는 경우의 수는 $_5C_4 = \dfrac{5 \times 4 \times 3 \times 2}{4 \times 3 \times 2 \times 1} = \dfrac{5}{1} = _5C_1$ 맞지? 이걸 일반적인 식으로 쓰면 이렇게 돼.

$$_nC_k = _nC_{n-k}$$

이건 많이 쓰니까 기억해 두는 게 좋아. 그러니까 $_9C_7$이라고 하면 9부터 하나씩 빼면서 7개를 곱하고 이걸 7!로 나누지 말고 그냥 $_9C_2$ 구하듯이 $\dfrac{9 \times 8}{2 \times 1}$로 나누어도 똑같은 결과를 얻을 수 있다는 거야.

자, 한번 실제적인 확률 구하는 문제를 생각해 보자. 10 대 10 미팅을 한다고 했을 때, 상대편 애들 중에는 괜찮아 보이는 애들이 3명이고 나머지는 정말로 영 아냐. 근데 10 대 10이 너무 많다구 5 대 5로 반을 나누자고 하네? 이때 내가 갈 그룹에 괜찮은 애 3명 중에서 2명 이상 끼여 있을 확률이 몇 퍼센트나 될까? 여기에 따라서 50퍼센트가 넘으면 그냥 남아 있고, 50퍼센트가 안 되면 그냥 가뿐하게 짐 싸들고 가버리려고 해. 과연 확률이 몇 퍼센트나 될 거 같아? 그냥 찍어 봐. 느낌에는 확률이 50퍼센트도 한참 안 될 것 같지 않니?

한번 계산을 해보자. 여기서 중요한 건, 10 대 10에서 반을 나누고 어쩌구 그런 게 아니야. 그렇게 생각하다가는 복잡해져서 아무 계산도 못한다구. 잘 생각해 봐. 중요한 건 내가 속한 그룹에는 상대편 그룹 10명 중에서 무조건 5명이 배당된다 이거야. 결국 상대방 10명 중에서 무작위로 뽑은 5명이라 이거지. 따라서 내가 속한 그룹에 포함될 상대방의 모든 경우의 수는 10명에서 순서에 상관없이 5명 뽑기. $_{10}C_5$라고도 하지. 10명 중 5명을 고를 모든 경우의 수는 다음과 같다.

$$_{10}C_5 = \frac{10 \times 9 \times 8 \times 7 \times 6}{5 \times 4 \times 3 \times 2 \times 1} = 252$$

그리고 3명 중에서 2명 이상을 뽑을 경우의 수는 두 가지로 나누어 생각해 봐야 해. 일단 3명 중에서 2명만 뽑히고, 나머지 중에서 3명을 뽑을 경우, 그리고 3명 모두 뽑히는 아주 행복한 사태가 일어나고 나머지 중에서 2명이 뽑히는 경우를 다 따져 봐야 한다는 거지. 이건 간단해. $_3C_2$하면 3명 중에 2명 뽑는 경우의 수고, $_7C_3$은 남은 7명 중에 3명을 뽑는 경우의 수가 되잖아. 이걸 어떻게 할까? 더할까, 곱할까? 경우의 수에서 더할 때는 따로 따로 일어나는 사건을 의미해. 곱할 때는 동시에 일어나는 거구. 합쳐서 5명을 뽑는 거니까 동시에 일어나는 거지? 그러니까 곱해야지. $_3C_2 \times _7C_3$. 그리고 똑같은 방법으로 괜찮은 애 3명이 모두 뽑혀올 확률은 $_3C_3 \times _7C_2$. 그리고 이 둘은 더해야 돼. 두 가지 상황을 가정한 거니까 동시에 일어날 수가 없거든. 그래서 답은 이거야.

$$_3C_2 \times _7C_3 + _3C_3 \times _7C_2 = 126$$

자, 최종 확률은 $\frac{126}{252} = 50$퍼센트. 정확히 반이네? 이상하네. 딱 반이라 이거지. 음. 한번 맞나 확인해 보자. 확률에서의 확인 방법은, 반대의 경우

확률을 계산하고 그거랑 원래 확률이랑 더해서 1이 나오면 맞는 거야. 모든 일이 일어날 확률을 더하면 1이 되니까. 10명 중에서 3명이 괜찮은데 반으로 나눌 경우 2명 이상이 들어올 확률의 반대는 2명 미만이 들어올 확률, 그러니까 1명도 없든지 1명 있든지 하는 경우겠지? 똑같은 방법으로 계산하면 오호라!

$$_3C_0 \times {}_7C_5 + {}_3C_1 \times {}_7C_4 = 126$$

이것도 역시 50퍼센트 맞네. 그럼 확실하게, 반으로 나눌 때 2명 이상 있게 될 확률이나 2명 미만이 될 확률이나 정확히 같으니 그냥 하늘에 맡기는 수밖에 없네. 그런데 문제는 뭐냐면, 이런 식으로 똑똑하게 계산하고 있는 동안 시간은 꽤나 흘렀을 거구 이미 반으로 나뉘어져서 재미있게 진행되는 미팅에서 암울한 표정으로 뭔가를 중얼거리며 좋아했다 슬퍼했다 하는 이상한 애로 낙인 찍힐 거라는 거야.

자, 이런 식으로 오래 계산하면 안 돼. 그런 미팅 자리에서 한번 찍히면 애들이 다음 미팅 때 안 데려가고, 그럼 너는 이성 친구를 사귀지 못할지도 모르고, 그렇게 시간이 흘러 노총각 노처녀가 될지 모르고, 남들은 시집 장가 가서 잘만 사는데 너는 집에서 웅크리고 앉아 텔레비전 프로그램의 재방송 편성을 개탄하며 거리의 청춘 남녀들을 저주하는 불행한 사태가 생기지 않는다고 그 누가 보장하겠어!?

좀 똑똑한 사람이라면 슬슬 눈치를 챘을 텐데, 설마 저걸 진짜로 계산하라고 낸 것이 아니라면, 그리고 답을 안 가르쳐 줄 것이 아니라면 뭔가 다른 방법이 있지 않겠느냐는 생각을 하겠지. 응, 맞아. 자, 생각의 틀을 바꾸어 보자. $_nC_k = {}_nC_{n-k}$를 이용하는 거야. 3명 중에서 3명이 뽑히는 경우와 2명

이 뽑히는 경우는 $_3C_3 + _3C_2$이고, 이건 $_3C_0 + _3C_1$과 같아. 즉 3명 중에서 2명 이상이 뽑히는 경우의 수와 3명 중에서 2명 미만이 뽑히는 경우의 수가 같다는 거지. 서로 경우의 수가 같으니 확률이 50퍼센트가 될 수밖에.

이게 이해가 안 가면 이걸 생각해 봐. 오렌지 10개 중에 상한 오렌지가 1개 있어. 그럼 10개를 반으로 나누어 한쪽은 내가 가지고 다른 한쪽은 다른 사람을 준다고 할 때 내가 모두 이상 없는 오렌지를 가질 확률은 결국 상한 오렌지가 어느 쪽에 들어가느냐에 따라 결정이 되니까 완전히 같은 비율로 일어나게 돼. 그래서 확률은 50퍼센트야.

자, 마지막으로 헷갈릴 만한 것 하나만 물어 보고 끝내자. 동전을 두 번 던져서 처음엔 뒷면, 그리고 나중엔 앞면이 나올 확률은 서로 곱해서 $\frac{1}{2} \times \frac{1}{2} = \frac{1}{4}$야. 그럼 처음엔 뒷면, 또는 나중엔 앞면이 나올 확률은 더하기를 해서 $\frac{1}{2} + \frac{1}{2} = 1$이 되는 거 아냐? 그럼 확률이 1이라는 건 언제나 그 일이 일어난다는 소리니까 동전을 두 번 던지면 언제나 처음에 뒷면, 나중에 앞면이 나온다는 소린데 이거 말도 안 되잖아. 어디가 틀린 건지 알겠어?

'그리고'라는 말은 곱하는 걸 뜻하고 '또는'이라는 말은 합하는 걸 뜻하지만, 그 합이 더하기를 의미한다기보다는 합집합을 의미한다고 봐야 해. 즉, 확률에서 '그리고'라는 말을 교집합의 개념, '또는'이라는 말은 합집합의 개념이 되는 거지. 그런데 합집합을 계산할 때 두 집합을 그냥 더하는 게 아니라 교집합이 있는 경우 이 교집합을 한 번 빼주는 거 알고 있지? 이 문제에서도 처음엔 뒷면, 또는 나중엔 앞면이 나올 확률은 처음에 뒷면 그리고 나중에 앞면이 나오는 확률인 $\frac{1}{4}$을 빼주어야 해. 그래서 답은 $\frac{3}{4}$이 되지.

어쨌든 풀리는 수학!!

셋

찍기

　원칙적으로는 제대로 된 식을 세우고 해답을 내야만 문제를 풀었다고 할 수 있지만, 객관식이 대부분인 대학수학능력시험에서는 문제를 풀지 않아도 직관적으로 바로 답을 맞힐 수 있는 문제들, 즉 찍어 맞힐 수 있는 문제들이 의외로 많다. 답을 확실히 맞힐 수 없다 해도 답이 아닌 보기를 한두 개 정도 골라낼 수 있다면 문제를 맞힐 확률이 훨씬 높아지지 않겠는가. 찍기도 엄연히 하나의 기술이다. 개발하고 단련하면 이것만큼 써먹을 곳이 많은 기술도 흔치 않다.

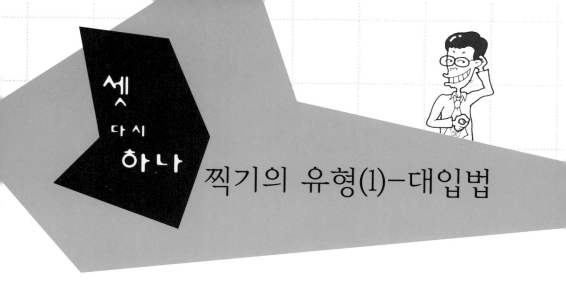

셋 다시 하나 찍기의 유형(1)-대입법

문제를 푸는 과정과 그 결과에는 4가지 형태가 있다.

① 문제를 제대로 풀고 답도 맞힌 경우
② 문제는 제대로 풀었지만 답을 틀린 경우
③ 문제를 제대로 못 풀었지만 답은 맞힌 경우
④ 문제도 제대로 못 풀고 답도 틀린 경우

이 중에서 보통 ③번을 찍어서 맞혔다고 한다. 하지만 여기서 말하는 찍기란 객관식의 맹점을 파헤쳐 문제를 푸는 과정을 생략하고도 답을 맞히는 것을 말한다. 어떻게 보면 그냥 문제를 푸는 것보다 더 생각해내기 어려운 과정일 수도 있다.

찍는 방법에는 4가지의 일반적인 유형이 있다. 그 중 대입법에 대해 먼저 알아 보자.

　대입법이란, 문제를 풀어서 보기 중에 답을 고르는 것이 아니라, 반대로 주어진 보기를 문제에 대입하여 조건이 성립하는 답을 찾아내는 방법이다. 실제로 많은 사람들이 사용하고, 찍기 유형 중에서 가장 많은 부분을 차지하는 방법이다. 굉장히 어려워 보이는 문제들도 의외로 대입법 한방에 답이 나오는 경우도 많다. 문제에 조건이 들어가 있다거나, 방정식이나 부등식의 경우에 대입법을 주로 사용할 수 있다. 다음 문제를 보자.

　$x^3 - 2x^2 - 2x + 3 = 0$의 정수해는?

① 1　　　② 2　　　③ 3　　　④ 4　　　⑤ 5

　여기서 $x^3 - 2x^2 - 2x + 3 = (x-1)(x^2-x-3) = 0$으로 인수분해해서 정답을 구해도 되지만 주어진 보기를 준식에 대입해서 0이 나오는지 안 나오는지 확인해 보는 방법이 대입법이다. 분명히 대입법으로도 풀 수 있기는 하지만 이 경우에는 그냥 인수분해하는 것이 더 빠를 수도 있다. 보기 중 하나를 대입한 뒤 답인지 아닌지 확인하는 계산 과정이 30초를 넘는 경우, 대입법으로 찍는 것은 무리라고 생각하면 된다. 위의 문제와 같이, 3차 이하의 다항식이 포함된 문제에서 대입법을 사용할 수 있는 경우가 많다.

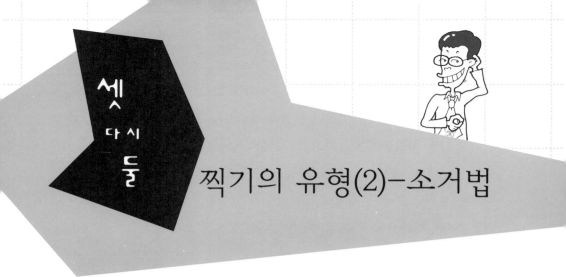

셋 다시 둘   찍기의 유형(2)-소거법

    문제의 조건에 맞지 않는 보기를 없애서 답을 찾아내는 방법을 소거법이라 한다. 4개의 보기가 모두 답이 아니면 나머지 하나가 답이 될 수밖에 없다. 보통은 4개를 전부 소거할 수는 없고 2개나 3개 정도를 소거할 수 있다. 답이 딱 하나만 남지 않더라도 완전히 모른 상태로 5개 중에서 찍는 것보다야 맞힐 확률은 훨씬 높아진다.

    'a, b, c식으로 명제를 나열해 놓고 다음 중 옳은 것은?' 이라고 물어 보는 문제에서는 주어진 명제 중 하나라도 확실하게 아닌 것을 찾으면 보기 중에 몇 개는 지울 수 있다. 또 문제가 가지고 있는 기본적인 조건에 맞지 않거나 절대부등식에 해당하지 않는 보기도 바로 지울 수 있다.

다음 보기 중에서 옳은 것을 모두 고르면?

> **보기**
>
> ㄱ. $2i$는 i보다 크다.
> ㄴ. $\sqrt{2i}$는 무리수이다.
> ㄷ. i에 가장 가까운 유리수가 존재하지 않는다.

① ㄱ   ② ㄷ   ③ ㄴ, ㄷ   ④ ㄱ, ㄴ   ⑤ ㄱ, ㄴ, ㄷ

여기서 허수는 비교할 수 없다는 것만 확실하게 알고 있으면 ㄱ은 옳지 않다는 것을 알 수 있고, 보기 중에서 ㄱ이 들어간 ①, ④, ⑤번은 답이 아니라고 확신할 수 있다. 그러면 남은 ②번이나 ③번이 답인데, 정 모르겠으면 하늘에 운명을 맡기고 둘 중에 하나를 찍는 수밖에 없다. 만약 무리수는 실수에만 해당된다는 걸 알고 있다면 ㄴ도 답이 아니라는 걸 알 수 있고, 그래서 ㄷ이 옳은지 틀린지는 확실히 몰라도 소거법에 의해 정답이 ②번이라는 것을 알 수 있다.

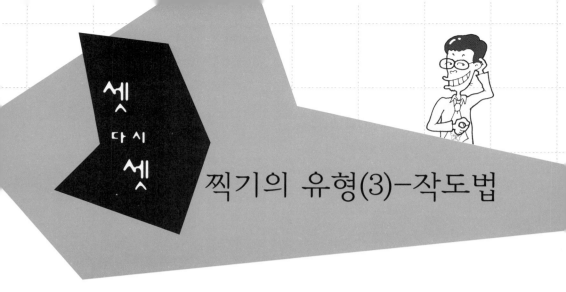

찍기의 유형(3)–작도법

　　그래프나 그림을 그려서 문제를 풀거나 주어진 그림을 보고 대략의 범위를 파악해서 보기를 줄여 나가는 방법을 작도법이라 한다. 문제에 그림이 같이 나와 있고 그 그림이 상당히 정확한 비율로 그려진 것 같다면, 그림만 보고도 보기 두세 개 정도는 지워 버릴 수 있다. 만약 그림이 제대로 그려져 있지 않다면 자기가 직접 최대한 비슷하게 그려야 한다. 원이나 직선, 평면과 같은 도형 관련 문제에서는 무조건 그림을 그리는 것이 좋고, 집합 관련 문제도 가능하면 벤 다이어그램을 그려 보는 것이 좋다. 부등식 문제나 최대 최소값, 실근의 개수를 구하는 문제도 그래프를 그리고 나서 문제를 풀면 훨씬 쉽게 풀 수 있다. 그림을 그려 문제를 풀어 보자.

$(x-1)^2+(y-1)^2=1$과 점 $(3, 2)$의 거리는?

① 1   ② $\sqrt{5}-1$ ③ 2   ④ $\sqrt{5}+1$ ⑤ $\dfrac{1}{2}$

원의 중심 $(1, 1)$과 점 $(3, 2)$의 거리를 구한 후 여기서 원의 반지름 1을 빼면 원과 점과의 거리를 구할 수 있다. 하지만 이렇게 계산하지 않고 그림만 제대로 그려도 보기 중에서 답을 고를 수 있다.

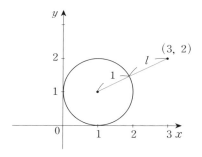

이렇게 그림을 그리면, 원과 점과의 거리는 원의 반지름의 길이보다 약간 긴 정도이다. 즉, 원의 반지름이 1이므로 거리는 1보다 조금 큰 값이면 된다. 보기에서 1보다 조금 큰 값은 ②번밖에 없다. 보이는 것만 믿으면 된다.

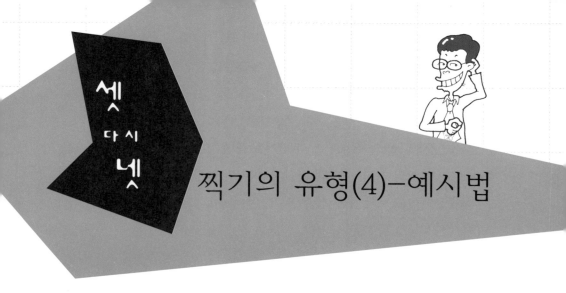

찍기의 유형(4)-예시법

예시법은 대입법이 발전된 형태로, 영역이나 범위 안에서 적절한 수를 골라 대입하여 조건에 맞는지 확인하는 방법이다. 예시법은 보기 이외의 영역에서 범위를 만족시킬 만한 것을 넣어, 주로 집합이나 부등식을 풀 때 사용한다. 범위 안에 있는 수 중에서 검증이 제일 쉬운 수(대부분의 경우 범위의 경계값)를 대입시켜 준식을 만족하는지 확인해 보고, 만약 이렇게 해서 확인이 안 될 때는 범위 안의 가장 일반적인 수를 대입시키면 된다. 예를 들어, 범위가 $0 \leqq x \leqq 2$라면 0이나 2를 넣어 보고 준식이 성립되는지 안 되는지 확인하고, 이렇게 해도 보기 중 답을 하나만 골라낼 수 없다면 이 범위 안에 있는 숫자 중 일반적인 숫자인 1이나 $\frac{3}{2}$ 을 넣어 보면 된다.

집합에서도 벤 다이어그램을 그리는 대신 예시법을 사용할 수 있다. 보통의 집합 문제는 벤 다이어그램을 그리는 것이 좋지만 집합 사이의 관계가 너무 복잡하거나 포함되어야 할 집합이 너무 많아서 벤 다이어그램을 그리기 힘들다면 예시법을 사용하는 것이 더 편하다. 예를 들어 작도법에서 나온 문제를 보자.

전체집합 U에 속하는 집합 A, B에 대해 $(A \cup B) \cap (A-B)^c$에 언제나 포함되는 집합은?

① A ② B ③ A^c ④ B^c ⑤ U

우선 집합 A, B, U를 임의로 정한다. 가능하면 교집합이 존재하는 가장 일반적인 관계가 되도록 정하는 것이 좋다.

$$A=\{1, 2, 3\}, B=\{3, 4, 5\}, U=\{1, 2, 3, 4, 5, 6\}$$

위와 같이 하면, $A \cup B=\{1, 2, 3, 4, 5\}$, $(A-B)=\{1, 2\}$, $(A-B)^c=\{3, 4, 5, 6\}$이 되므로 최종적인 답은 $(A \cup B) \cap (A-B)^c=\{3, 4, 5\}=B$가 되어 정답이 ②번임을 알 수 있다.

대입법이나 예시법 모두 어떤 값을 대입하여 준식이 만족하는지, 범위에 들어가는지를 알아 보는 방법이다. 따라서 준식이 수치로 계산이 되어야 하기 때문에 루트나 로그 수치 중 기본적인 것들은 꼭 외워 두어야 한다.

$$\sqrt{2}=1.414, \sqrt{3}=1.732, \log_{10}2=0.3010, \log_{10}3=0.4771$$

이 4가지 수치만 외워 두어도 대부분의 계산은 할 수 있다. 그리고 이 4가지 수치를 이용하여 다른 수치를 계산할 수도 있다. 이를테면 계산상 꼭 $\sqrt{5}$ 의 수치가 필요할 때는 $\sqrt{4}=2<\sqrt{5}<\sqrt{6}=\sqrt{2}\times\sqrt{3}=2.45$이기 때문에 $\sqrt{5}$는 2와 2.45의 중간값인 2.23이라고 유추할 수 있다. $\log_{10}5$도 $\log_{10}2$를 사용하여 $\log_{10}5=\log_{10}\left(\dfrac{10}{2}\right)=\log_{10}10-\log_{10}2=1-0.3010=0.6990$으로 계산할 수 있다.

대부분의 찍기는 위에 말한 4가지 방법, 즉 대입법, 소거법, 작도법, 예시법을 사용한다. 하지만 찍는 법을 알더라도 어떤 문제에 어떤 방법을 써야 하는지, 그리고 찍을 수 있는 문제인지 꼭 풀어야만 맞힐 수 있는 문제인지를 파악하려면 천상 경험을 쌓는 수밖에 없다. 지금부터 1995년부터 2002년까지 대학수학능력시험 수리영역 I에 실제로 출제되었던 문제들을 찍어보며 찍기 실력을 길러 보자.

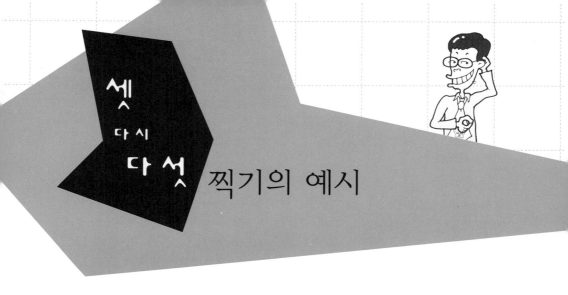

셋 다시 다섯 찍기의 예시

□ 지수방정식 $3^{x+2}=96$의 근을 α라 할 때, 다음 중 옳은 것은? [’95]

① $0<\alpha<1$　　　② $1<\alpha<2$　　　③ $2<\alpha<3$

④ $3<\alpha<4$　　　⑤ $4<\alpha<5$

➜ 로그를 씌워서 풀어도 되는 문제지만, 딱 떨어지는 로그값이 나오지 않기 때문에 쉽지 않은 문제다. 하지만 이 문제는 예시법으로 찍으면 된다. $\alpha=0, 1, 2, 3, 4, 5$를 대입해 보면 $\alpha=2$일 때 $3^4=81$이 되고 $\alpha=3$일 때 $3^5=243$이 되므로 지수와 밑수가 1보다 클 때 지수함수는 증가 함수가 된다는 것을 생각해 보면 $3^{x+2}=96$을 만족시키는 α는 2와 3 사이에 있음을 알 수 있다. 정답은 ③번.

□ 전체집합 U의 두 부분집합 A, B에 대하여 $A \subset B$일 때, 다음 중 항상 성립한다고 할 수 없는 것은? (단, $U \neq \phi$)[95]

① $A \cup B = B$　　　② $A \cap B = A$　　　③ $(A \cap B)^c = B^c$

④ $B^c \subset A^c$　　　⑤ $A - B = \phi$

▶ 작도법으로 벤 다이어그램을 그려서 풀어도 되지만 일단 이것도 예시법으로 찍어 보자. $A \subset B$라 했으니 $A = \{1, 2, 3\}$, $B = \{1, 2, 3, 4, 5\}$, $U = \{1, 2, 3, 4, 5, 6\}$이라 하면 보기 중에서 ③번이 $(A \cap B)^c = \{4, 5, 6\}$, $B^c = \{6\}$이 되어 등호가 성립하지 않는다. 정답은 ③번.

□ 다음은 삼각형의 변의 길이와 각의 코사인 사이의 관계인 제이코사인법칙을 $\triangle ABC$에서 $\angle A$가 둔각인 경우에 대하여 증명한 것이다.

증명

오른쪽 그림과 같이 세 변의 길이가 a, b, c인 $\triangle ABC$를 좌표평면의 원점에 꼭지점 A가 놓이도록 하자. 꼭지점 C의 좌표를 (x, y)라 하면 $x = \boxed{가}$, $y = \boxed{나}$ 이므로, 피타고라스의 정리에 의하여 다음이 성립한다.

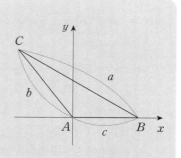

$$a^2 = (\boxed{다})^2 + y^2$$
$$= b^2 + c^2 - 2bc\cos A$$

위의 증명 과정에서 가, 나, 다 에 알맞은 것을 순서대로 적으면?

['95]

① $b\cos A$, $b\sin A$, $c+x$

② $b\cos A$, $b\sin A$, $c-x$

③ $b\cos A$, $-b\sin A$, $c+x$

④ $-b\cos A$, $-b\sin A$, $c-x$

⑤ $-b\cos A$, $-b\sin A$, $c+x$

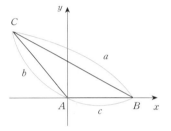

▪ 그림이 나온 문제는 그림만 뚫어지게 잘 봐도 반은 맞힐 수 있다. 이 문제는 작도법으로 찍어 보자. 그림을 잘 보면 C의 좌표인 x, y는 $x<0$, $y>0$임을 알 수 있다. 이때 b는 길이를 나타내므로 무조건 양수이다. 점 C가 2사분면에 있으므로 $\sin A>0$, $\cos A<0$이 된다. 따라서 $b\cos A$, $-b\cos A$ 중에서 음수인 것은 $b\cos A$이므로 $x=b\cos A$가 된다. 같은 방법으로 y는 $b\sin A$이다. 이제 답은 ①번이나 ②번 중 하나인데, C에서 수선을 내려 직각삼각형을 만들면 피타고라스의 정리에 의해 $a^2=(c+|x|)^2+y^2$이 된다. 이때 $x<0$이므로 결국 다 $=c-x$가 되어 정답은 ②번.

□ 아래 그림과 같이 반직선 OA 위에 A_1, A_2, $\cdots$와 반직선 OB 위에 B_1, B_2, $\cdots$를 $\overline{OA_1}=\overline{A_1B_1}=\overline{B_1A_2}=\cdots$이 되도록 정한다. 이런 방법으로 하

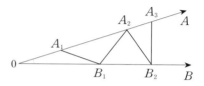

면 네 개의 이등변삼각형 $\triangle OA_1B_1$, $\triangle A_1B_1A_2$, $\triangle B_1A_2B_2$, $\triangle A_2B_2A_3$을 만들 수 있고, 다섯 번째 이등변삼각형은 만들 수 없다. $\angle AOB$의 크기를 θ라 할 때, θ의 범위는? [95]

① $\dfrac{\pi}{4} \leqq \theta < \dfrac{\pi}{2}$ ② $\dfrac{\pi}{7} \leqq \theta < \dfrac{\pi}{5}$

③ $\dfrac{\pi}{10} \leqq \theta < \dfrac{\pi}{8}$ ④ $\dfrac{\pi}{14} \leqq \theta < \dfrac{\pi}{12}$

⑤ $\dfrac{\pi}{17} \leqq \theta < \dfrac{\pi}{15}$

▶ 이 문제를 제대로 풀려면 각도를 다 넣어서 상당히 복잡하게 풀어야 한다. 그림이 조건에 맞도록 잘 그려진 것 같으니 작도법으로 한방에 찍어 보자. $\angle AOB$의 크기를 알아 보기 위해서 이 각과 같도록 위에 선을 그어 보면 $4\times \angle AOB$는 $\dfrac{\pi}{2}$보다 작고, $5\times \angle AOB$는 $\dfrac{\pi}{2}$보다 큼을 알 수 있다. 그렇다면 이를 만족하는 답은 ③번이다. $\angle AOB$와 같도록 선을 긋는 것이 어렵다면 시험지를 잘라서라도 그려야 한다. 아예 못 푸느니 이렇게라도 해서 정답

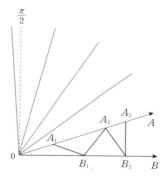

에 가까운 보기를 찾을 수 있다면 그게 어디인가. 연습할 때야 제대로 푸는 방법을 고민해야겠지만, 시험장에서는 어쨌든 풀어야 한다.

□ 부등식 $(x^2-4y^2)(x^2-6x+y^2+8)\leqq0$의 영역을 좌표평면 위에 검게 나타내면? (단, 검은 부분의 경계선은 포함한다.) [96]

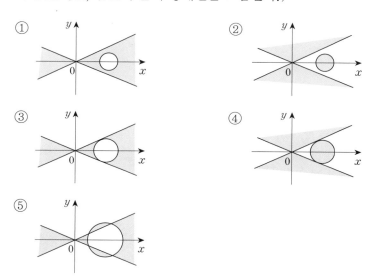

➡ 소거법으로 찍어 보자. 우선 두 직선 사이의 영역부터 정하기 위해 원 밖의 영역이 되도록 큰 수인 $(x,\ y)=(100,\ 0)$, $(0,\ 100)$을 넣어 보면, $(x^2-4y^2)(x^2-6x+y^2+8)\leqq0$을 만족하는 건 $(0,\ 100)$이므로 답은 $(0,\ 100)$이 포함되는 영역인 ②번이나 ④번 중 하나이다. 시간이 없는 경우에는 둘 중 하나를 그냥 찍어 버려도 50퍼센트 확률로 맞겠지만, 더 확실하게 맞히고 싶다면 직선과 원이 만나는 점이 있는지 없는지, 즉 $x^2-6x+y^2+8=0$이라는 원의 방정식에 $y^2=\dfrac{x^2}{4}$를 넣어 실근이 존재하는지 하지 않는지 판별식으로 알아 보면 $D<0$이 되어 직선과 원이 만나지 않는다. 따라서 정답은 ②번이다. 그런데 판별식까지 쓸 정도면 이 문제를 거의 제대로 푼 셈이고, 소거법으로 찍는다는 개념에서는 보기 5개를 ②번이나 ④번으로 줄인 다음 둘 중에 하나를 찍는 것이 진정한 찍기라 하겠다.

□ $k=1, 2, 3, 4, \cdots$에 대하여 b_k가 0 또는 1이고 $\log_7 2 = \dfrac{b_1}{2} + \dfrac{b_2}{2^2} + \dfrac{b_3}{2^3} + \cdots$일 때, b_1, b_2, b_3의 값을 순서대로 적으면? [’96]

① 0, 0, 0   ② 0, 1, 0   ③ 0, 0, 1

④ 0, 1, 1   ⑤ 1, 1, 1

➡ 대입법을 사용해서 찍어 보도록 하자. $\log_7 2 = \dfrac{\log_{10} 2}{\log_{10} 7}$ 이고 $\log_{10} 2 \fallingdotseq 0.3010$, $\log_{10} 8 = \log_{10} 2^3 = 3\log_{10} 2 > \log_{10} 7 > \log_{10} 4 = 2\log_{10} 2$ 이다. 따라서 $\log_{10} 4 < \log_{10} 7 = \dfrac{\log_{10} 2}{\dfrac{b_1}{2} + \dfrac{b_2}{4} + \dfrac{b_3}{8} + \cdots} < \log_{10} 8$ 이므로 $\dfrac{1}{3} < \dfrac{b_1}{2} + \dfrac{b_2}{4} + \dfrac{b_3}{8} + \cdots < \dfrac{1}{2}$ 이다. 이때 b_4부터 모두 1이라고 해도 $\dfrac{1}{16} + \dfrac{1}{32} + \dfrac{1}{64} + \cdots = \dfrac{\dfrac{1}{16}}{1 - \dfrac{1}{2}} = \dfrac{1}{8}$ 이므로 b_1, b_2, b_3에 보기의 값을 대입해 보면 $\dfrac{1}{3} < \dfrac{b_1}{2} + \dfrac{b_2}{4} + \dfrac{b_3}{8} + \cdots < \dfrac{1}{2}$ 에 해당되는 보기는 ②번뿐이다. 정답은 ②번.

□ 다음 자료들 중에서 표준편차가 가장 큰 것은? [’96] [1점]

① 1, 5, 1, 5, 1, 5, 1, 5, 1, 5

② 1, 5, 1, 5, 1, 5, 3, 3, 3, 3

③ 2, 4, 2, 4, 2, 4, 2, 4, 2, 4

④ 2, 4, 2, 4, 2, 4, 3, 3, 3, 3

⑤ 4, 4, 4, 4, 4, 4, 4, 4, 4, 4

➡ 이 문제는 실제로 표준편차를 구하지 않더라도 표준편차의 의미만 정확히 알고 있으면 찍을 수 있는 문제이다. 표준편차란 관측값과 평균값이 얼마나 많이 떨어져 있느냐를 표시하는 수치이다. 따라서 ⑤번은 평균값과 관측값이 모두 같으므로 표준편차는 0이 된다. 또 ①, ②, ③, ④번의 평균값이 모두 3으로 같은데, ①, ②번 중 ②번은 평균값과 같은 3이 뒤에 들어 있으므로 ②번보다는 ①번의 표준편차가 더 크다고 생각할 수 있다. 마찬가지 방법으로 보면 ③, ④번 중 ③번이 표준편차가 더 크고, ①번과 ③번 중에서는 평균값인 3과 더 많이 차이나는 ①번의 표준편차가 가장 크다는 결론이 나온다. 따라서 정답은 ①번.

□ 다항식 $g(x)$가 모든 실수 x에 대하여 $g(g(x))=x$이고 $g(0)=1$일 때, $g(-1)$의 값은? [′96] [1.5점]

① -2　　　② -1　　　③ 0　　　④ 1　　　⑤ 2

➡ 이 문제는 보기보다 쉽지 않다. 문제의 정확한 의미를 파악하지 못하면 몇 시간을 잡고 있어도 풀기 힘든 문제다. 우선 가장 간단하게 푸는 방법을 살펴보고, 그 뒤에 소거법으로 어느 선까지 걸러낼 수 있는지 보자.

$g(g(x))=x$라는 식이 모든 x에 대해 성립하므로 이 식은 항등식이다. 이와 같은 항등식 유형에서 $g(g^{-1}(x))=x$를 생각해낼 수 있어야 한다.

즉, $g(g(x))=g(g^{-1}(x))$에서 $g(x)=g^{-1}(x)$이므로 $g(x)$는 자신과 역함수가 같은 함수이다. 따라서 $y=x$에 대칭이며, $x=0$일 때 1을 지나는 가장 간단한 함수를 생각해 보면 $g(x)=-x+1$이 된다. 그러므로 $g(-1)=2$가 답이다.

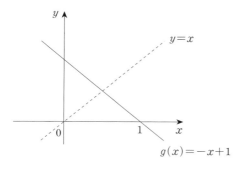

$g(x) = -x + 1$

여기서 $g(g^{-1}(x)) = x$가 떠오르지 않는다면 이 문제를 쉽게 풀 수 없다. 그렇다고 아무것도 하지 못하고 5개의 보기 중에서 20퍼센트 확률로 하나를 찍는다는 건 가슴 아픈 일이다. 조금이라도 답이 아닌 보기를 줄여 보자. 우선 대입법으로 $x = 0$을 준식에 대입하면 $g(g(0)) = 0$에서 $g(0) = 1$이므로 $g(1) = 0$이다. 이때 $g(g(-1)) = -1$에서 $g(-1) = y$라 하면 $g(y) = -1$이므로 $g(0) = 1$, $g(1) = 0$에서 $y \neq 0$, 1이다. 그리고 $g(-1) = -1$이라 하면 이를 만족하는 다항식 $g(x) = x$가 $g(0) = 1$을 만족하지 않으므로 $y \neq -1$이다. 따라서 보기 중 답이 될 가능성이 있는 것은 ①번과 ⑤번뿐이다. 조금 더 나가 보자면 $g(0) = 1$, $g(1) = 0$에서 x가 1이 늘 때 값이 1씩 줄어들었으므로 $g(2) = -1$에서 $y = g(-1) = 2$가 아닐까 하는 생각까지 해볼 수도 있겠지만, 이건 논리적 수학적 근거에 따라 판단하는 직기(直技)가 아니라 논리적 근거가 약한 '때려 맞추기'에 가까우므로 그냥 넘어가기로 한다.

□ 그림과 같은 자동차 경주 코스를 두 자동차 A, B가 같은 방향으로 돌고 있다. 자동차 A, B의 속력은 각각 $a km/$분과 $b km/$분이고, 경주 코스 한 바퀴의 길이는 $c km$이다. $3a - 3b = 2c$가 성립한다고 할 때, 다음 중 옳은 것은? [96] [1.5점]

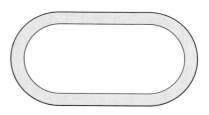

① 3분마다 A는 B보다 두 바퀴 더 돈다.

② 3분마다 A는 B보다 한 바퀴 더 돈다.

③ 2분마다 A는 B보다 세 바퀴 더 돈다.

④ 2분마다 B는 A보다 두 바퀴 더 돈다.

⑤ 2분마다 B는 A보다 세 바퀴 더 돈다.

▣ 이런 문제야말로 예시법에 딱 알맞은 문제다. $a=2$, $b=1$이라 하면 $3a-3b=2c$에서 $c=1.5$가 된다. 자동차 A는 3분에 $2km/분\times3=6km$이고, 자동차 B는 3분에 $1km/분\times3=3km$인데 경주 코스가 $1.5km$이므로 3분마다 A는 B보다 두 바퀴 더 돈다. 따라서 정답은 ①번.

▢ 함수 $f(x)=\dfrac{x^2}{4}+a\,(x\geqq0)$의 역함수를 $g(x)$라 할 때, 방정식 $f(x)=g(x)$가 음이 아닌 서로 다른 두 실근을 가질 실수 a의 값의 범위는? ['96] [1.5점]

① $0\leqq a<1$　　　② $a\geqq0$　　　③ $a<1$

④ $0<a<2$　　　⑤ $a<2$

▣ 이 문제는 소거법과 함께 작도법, 즉 그래프를 그려야 찍을 수 있는 문제이다. 역함수가 $y=x$에 대칭이라는 것만 알고 있다면 그래프를 그리는 것은 그리 어렵지 않다.

　보기로 주어진 범위 안에 포함되는 수 중 먼저 가장 쉬운 $a=0$을 대입해 보자. 그럼 $f(x)=\dfrac{x^2}{4}\,(x\geqq0)$이고, $f(x)$의 그래프를 그린 후 $y=x$에 대칭되게 그리면 $x=0$에서 만나고 다른 한 점에서 만나므로 음이 아닌 서로 다른 두 실근을 가진다는 조건에 만족한다. 따라서 보기 중 0을 포함하지 않는 ④번은 답이 아니다. a에 아주 큰 양수를 넣는다고 하면 $f(x) = \dfrac{x^2}{4} + a(x \geq 0)$ 그래프가 $y = x$에 비해 상당히 위쪽에 그려지기 때문에 $f(x)$는 역함수인 $g(x)$와 만나지 않으므로 ②번도 답이 아니다. 반대로 a에 아주 큰 음수를 넣는다고 하면 $f(x)$는 역함수인 $g(x)$와 단 한 번 만나므로 아주 큰 음수가 범위에 들어가는 ③번이나 ⑤번도 답이 아니다. 결국 ②, ③, ④, ⑤번이 모두 답이 아니므로 정답은 ①번.

□ 오른쪽 그림은 어느 도시의 도로망을 나타낸 것이다. 정사각형 모양을 이루는 간선도로는 교차로간의 거리가 모두 1로 일정하고, 도시 순환로는 O를 중심으로 하는 원의 일부로 되어 있다. 네 개의 대리점 A, B, C, D를 소유하고 있는 한 유통회사에서 순환도로 위의 가, 나, 다, 라, 마 중 한 곳에

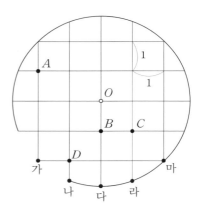

물품창고를 세우려고 한다. 이때 물품창고에서 도로를 따라 대리점 A, B, C, D에 이르는 최단거리를 각각 a, b, c, d라 하자. $a+b+c+d$가 최소가 되는 물품창고의 위치는? ['96] [2점]

① 가　　　　② 나　　　　③ 다　　　　④ 라　　　　⑤ 마

▣ 어렵게 보이지만 전혀 어려운 문제가 아니다. 그냥 칸 수 세기에 불과하다. '가, 나, 다, 라, 마' 에서 각각 A, B, C, D까지 이르는 칸 수를 세면 되는 것이다. 다만 '나, 다, 라' 는 위쪽 한 칸까지 떨어진 거리가 애매하므로 '나' 와 '라' 가 위쪽 한 칸과 떨어

진 거리를 x, '다' 가 위쪽 한 칸과 떨어진 거리를 y라 하고 각 대리점까지의 거리를 계산해 보면 가 : 11, 나 : $9+4x$, 다 : $9+4y$, 라 : $11+4x$, 마 : 15가 된다. 이때 x, y 모두 1보다는 작고 $\frac{1}{2}$보다는 크므로 '나' 는 11보다 크고, '다' 도 마찬가지로 11보다 크므로 '가' 가 가장 좋은 위치가 된다. 따라서 정답은 ①번.

□ $\log_2 x$와 $\log_2 y$ 사이의 관계가 오른쪽 그래프와 같은 모양일 때, x와 y 사이의 관계를 옳게 나타낸 것은? [´96] [2점]

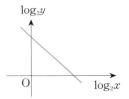

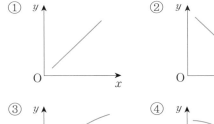

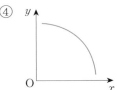

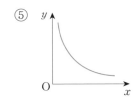

▣ 예시법으로 풀어 보자. $\log_2 x$와 $\log_2 y$ 사이의 관계 그래프에서 각 절편의 위치를 계산하기 편하도록 임의로 10이라 정해 보면, $\log_2 x$가 10일 때 $\log_2 y = 0$이 되므로 x와 y의 관계 그래프는 $(2^{10}, 2^0) = (1024, 1)$을 지나고, 마찬가지로 $\log_2 y = 10$일 때 $\log_2 x = 0$이 되어 x와 y의 관계 그래프는 $(2^0, 2^{10}) = (1, 1024)$를 지난다. 이 두 점과

비슷한 점을 지나는 것으로 보이는 그래프는 ④번과 ⑤번뿐이다. 시간이 없다면 이 둘 중 하나를 찍어 버릴 수밖에 없겠지만, 조금 시간이 있다면 $\log_2 x = \log_2 y$인 좌표, 즉 $\log_2 x = 5$, $\log_2 y = 5$를 지나는 $(x, y) = (32, 32)$를 지나는 형태의 그래프인 ⑤번이 정답임을 알 수 있다.

□ 전체집합 U의 두 부분집합 A, B에 대하여 $A * B = (A \cap B) \cup (A \cup B)^c$라고 정의할 때, 항상 성립한다고 할 수 없는 것은? (단, $U \neq \phi$) [196] [2점]

① $A * U = U$ 　　　　　　② $A * B = B * A$

③ $A * \phi = A^c$ 　　　　　④ $A * B = A^c * B^c$

⑤ $A * A^c = \phi$

▣ 간단히 예시법으로 풀 수 있을 것처럼 보이지만 실제로는 그리 간단하지는 않은 문제이다. 예시법의 함정을 잘 보여주는 문제이기도 하다.

$A * B$의 관계는 벤 다이어그램을 그려 보면, A와 B의 교집합에 전체집합에서 $A \cup B$를 제외한 영역과의 합집합임을 알게 된다. 집합 $A = \{1, 2, 3\}$, 집합 $B = \{3, 4\}$, $U = \{1, 2, 3, 4, 5\}$와 같은 일반적인 형태의 집합을 위의 보기에 적용시키면 5개의 보기가 모두 성립함을 알 수 있다. 이럴 경우 당황하지 말고, 예로 든 집합을 다른 포함 형태로 바꾸어 적용해 보면 된다. 즉, $A \subset B$나 $B \subset A$와 같이 한 집합이 다른 집합을 포함하는 형태의 예를 만들어 적용시켜 보면 $A = \{1, 2\}$, $B = \{1, 2, 3, 4\}$, $U = \{1, 2, 3, 4, 5\}$에서 $A * U = \{1, 2, 5\}$가 되어 성립하지 않음을 볼 수 있다.

위의 문제와 같이 집합의 예시법은 다음의 세 가지 형태의 집합 예를 차례로 적용시켜 보면 대부분은 풀리게 되어 있음을 알아 두자.

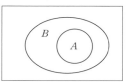
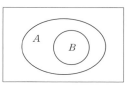

일반형　　　→　　　$A \subset B$　　　→　　　$B \subset A$

$A=\{1, 2, 3\}$　　　　$A=\{1, 2\}$　　　　$A=\{1, 2, 3, 4\}$

$B=\{3, 4\}$　　　　$B=\{1, 2, 3, 4\}$　　　　$B=\{1, 2\}$

$U=\{1, 2, 3, 4, 5\}$　　$U=\{1, 2, 3, 4, 5\}$　　$U=\{1, 2, 3, 4, 5\}$

□ 포물선 $y=(x-a)^2+b$ 위의 두 점 $P(s+a,\ s^2+b)$와 $Q(t+a,\ t^2+b)$ 에서 각각 그은 이 포물선의 접선은 서로 수직이다. 이 두 접선과 위 포물 선으로 둘러싸인 도형의 면적을 A라고 하자. 다음 〈보기〉 중 옳은 것을 모두 고르면? (단, $s<0<t$) [96] [2점]

> **보기**
>
> ㄱ. s가 증가하면 t도 증가한다.
> ㄴ. a가 증가하면 면적 A도 증가한다.
> ㄷ. b가 변하면 면적 A도 변한다.

① ㄱ　　　　② ㄴ　　　　③ ㄷ

④ ㄱ, ㄷ　　　⑤ ㄴ, ㄷ

➡ 작도법으로 그림을 그려 보는 것이 문제를 가장 빨리 푸는 방법이다. ㄱ이 옳은지 알아 보려면 그래프를 쉽게 그리기 위해 $a=0$, $b=0$으로 놓고 $y=x^2$의 그래프를 그려 s에 따라 t가 어떻게 변화하는지 그려 본다. 그러면 ㄱ은 참인 것을 알게 된다. 사실 ㄴ이나 ㄷ은 굳이 그려 볼 필요도 없다. 왜냐하면 $y=(x-a)^2+b$에서 a, b는 모두 $y=x^2$를 수평이동시키는 역할을 하기 때문에 두 접선과 포물선으로 둘러싸인 도형의 위치만 이동할 뿐 면적이 달라지지는 않는다. 따라서 ㄴ, ㄷ은 거짓이므로, 정답은 ①번.

□ 세 내각이 30°, 60°, 90°이고 서로 합동인 삼각형들이 있다. 평면 위에 오른쪽 그림과 같이 이들 삼각형을 내각이 직각인 꼭지점과 60°인 꼭지점이 일치되고 겹치지 않도록 빗변에 붙여 간다. 어느 삼각형도 서로 겹쳐지지 않을 때까지 되도록 많이 붙이려고 한다. 가장 많이 붙였을 때 이들 삼각형의 수는? [96] [3점]

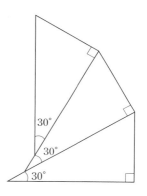

① 6   ② 8   ③ 10   ④ 12   ⑤ 14

➡ 이 문제는 제대로 식을 세워 풀려면 쉽지 않은 문제다. 하지만 그림을 잘 보면 바로 답이 나온다. 삼각형이 겹칠 때 가장 먼저 겹치는 선분은 마지막 삼각형의 빗변이므로 빗변이 기준이 되는 삼각형의 밑변, 즉 수평선과 이루는 각을 보면 된다. 그림을 보면 세 번째 삼각형의 빗변이 수평선과 직각으로 서 있음을 알 수 있고, 30°의 내각을 가진 세 개의 꼭지점들이 서로 붙어 있지 않아도 마치 서로 붙여 놓은 것과 같이 90°의 각도를 가지게 된다는 걸 생각할 수 있다. 그래서 최대한 많이 붙였을 경우 30°의 내각을 가진 꼭지점들이 모여 한 바퀴를 돌게 되는 삼각형의 수인 12개가 최대치가 된다고 예상할 수 있다.

하지만 이렇게 생각하는 것이 쉬운 일도 아니고, 게다가 정말 중간에서 겹치는지 아닌지 확신을 가지기 힘들다면 비상수단을 쓰는 수밖에 없다. 직접 삼각형을 그려 보는 것이다. 작도법에서 말한 것과 같이, 어떻게든 문제에서 주어진 조건과 비슷하게 삼각형을 그려 보자. 자를 대고 그리든, 눈대중으로 비슷하게 그리든, 정 안 되면 저 그림의 삼각형 하나를 필기도구로 뜯어내서, 똑같은 삼각형을 만들어 직접 붙여 보는 한이 있더라도 시도를 해보면 최소한 6개나 8개는 넘고 14개는 아니므로 10개 나 12개 중 하나가 정답이라는 걸 알 수 있다. 유치하고 우습게 보여도 이렇게 해서 보기 중 3개를 제거할 수 있다면 문제를 맞힐 수 있는 확률이 20퍼센트에서 50퍼센트 로 올라가게 된다. 해볼 만하지 않은가. 물론 모든 문제에 대해 이렇게 그려 볼 수는 없다. 이 문제는 보기에서 최대수가 14개까지이기 때문에 시도해볼 만한 것이다. 그러나 각도가 30°가 아니라 12°와 같이 애매한 각도라면 작도법이든 뭐든 정말로 풀어서 맞히든지 때려 맞히는 수밖에 없다. 아무튼 정답은 ④번.

□ 다항식 $2x^3 + x^2 + 3x$를 $x^2 + 1$로 나눈 나머지는? [98] [3점]

① $x - 1$ 　　　② x 　　　③ 1

④ $x + 3$ 　　　⑤ $3x - 1$

▣ 실제로 나누어도 그다지 어렵지 않은 문제지만, 대입법으로 풀어도 된다. 나머지정 리를 사용하여 준식에 $x^2 + 1 = 0$을 만드는 $x = i$를 대입하면 $2i^3 + i^2 + 3i = -2i$ $-1 + 3i = i - 1$이 된다. 이를 만족하는 답은 ①번.

□ 다음 벤 다이어그램에서 어두운 부분을 나타내는 집합은? (단, U는 전체 집합, X^c는 X의 여집합을 나타낸다.) [98][2점]

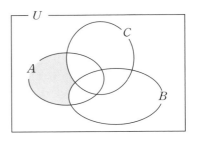

① $A \cap (B \cap C)^c$

② $A \cap (B \cup C)^c$　　　③ $A \cap (B^c \cap C)^c$

④ $A \cap (B^c \cap C^c)^c$　　　⑤ $A \cap (B^c \cup C^c)^c$

⇨ 예시법을 쓰자. 벤 다이어그램이 그려져 있으니 각 영역에 숫자 하나씩만 써주면 다음과 같이 된다.

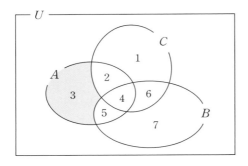

　그러면 $A = \{2, 3, 4, 5\}$, $B = \{4, 5, 6, 7\}$, $C = \{1, 2, 4, 6\}$, $U = \{1, 2, 3, 4, 5, 6, 7, 8\}$이 되고, A의 해당 영역에 속한 집합은 3이므로 이를 만족하는 보기는 $A \cap (B \cup C)^c = \{3\}$이다. 만족하는 보기를 더 빨리 찾기 위해서는 드 모르간의 법칙을 적용해서 보기를 간단하게 만들어 놓는 것이 좋다. 정답은 ②번.

□ 좌표평면에서, 다음 함수 중 그 그래프가 임의의 직선과 항상 만나는 것은? [98] [3점]

① $y=|x|$　② $y=x^2$　③ $y=\sqrt{x}$　④ $y=x^3$　⑤ $y=\dfrac{1}{x}$

▣ 임의의 직선이라 함은, 치역 x와 공변역 y가 실수 전체인 함수를 의미한다. 이 직선과 항상 만나기 위해서는 해당 함수도 치역과 공변역이 실수 전체여야 한다. 따라서 보기 중 정답은 $y=x^3$이다.

　이렇게 찾는 것이 어렵다면 작도법을 쓰면 된다. 그래프란 말이 들어간 문제는 어렵다 싶으면 일단 그려 보라. 직접 보기에 있는 함수의 그래프를 그려 보고, 연필을 이리저리 돌려 가면서 함수 그래프와 연필이 만나지 않을 때가 있는지 보면 된다.

□ 오른쪽은 어떤 정육면체의 전개도이다.
원래의 정육면체에서 $\angle ABC$의 크기는? [98] [3점]

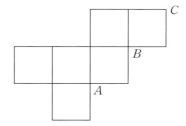

① 30°　　　② 45°

③ 60°　　　④ 90°

⑤ 120°

▣ 거두절미하고 잘라서 직접 정육면체를 만들어 봐라. 가장 빠르고, 가장 확실한 방법이다. 보기로 주어진 각도가 5°나 10° 차이가 난다면 눈대중으로 맞힐 수 없겠지만, 저렇게 확실한 각도면 눈으로 보고 바로 알 수 있지 않겠는가. 칼이 없으면 연필로 가

장자리를 박박 그어서라도 시험지에서 도형을 뜯어내 만들어 보고 문제를 맞혀야 한다. 고상한 방법 찾다가는 시험이라는 전쟁에서 살아남을 수 없다.

□ 좌표평면에서 각 좌표축에 평행하지 않은 직선 l이 있다. l 밖의 한 점 $P(x_1, y_1)$에서 l에 내린 수선의 발을 $H(x_2, y_2)$라 할 때, 선분 PH의 길이를 구하는 과정은 다음과 같다.

직선 l의 방정식을
$$ax + by + c = 0 \cdots\cdots (1)$$
이라 하면 가정에서
$a \neq 0$이고 $b \neq\, = 0$이다.
l의 기울기가 $-\dfrac{a}{b}$ 이므로
직선 PH의 방정식은
$$y - y_1 = \boxed{가} \cdots\cdots (2)이다.$$
(1)과 (2)를 이용하면
$$x_2 - x_1 = \frac{-a(ax_1 + by_1 + c)}{a^2 + b^2}$$
$$y_2 - y_1 = \frac{-b(ax_1 + by_1 + c)}{a^2 + b^2} 이다.$$
따라서 구하는 선분 PH의 길이는
$$\overline{PH} = \boxed{나}$$
$$= \frac{|ax_1 + by_1 + c|}{\sqrt{a^2 + b^2}} 이다.$$

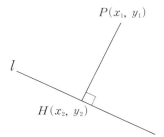

위의 가정에서 $\boxed{\text{가}}$, $\boxed{\text{나}}$ 에 알맞은 것을 순서대로 적으면? [('98] [3점]

① $\dfrac{a}{b}(x-x_1),\ |x_2-x_2|+|y_2-y_1|$

② $\dfrac{b}{a}(x-x_1),\ (x_2-x_1)^2+(y_2-y_1)^2$

③ $-\dfrac{b}{a}(x-x_1),\ \sqrt{(x_2-x_1)^2+(y_2-y_1)^2}$

④ $\dfrac{b}{a}(x-x_1),\ \sqrt{(x_2-x_1)^2+(y_2-y_1)^2}$

⑤ $-\dfrac{a}{b}(x-x_1),\ |x_2-x_1|+|y_2-y_1|$

▶ 공식을 외우고 있다면 아주 쉽게 풀 수 있지만, 만약 그렇지 못하다면 예시법으로 가장 간단한 예를 들어 직접 수치를 넣어 보면 어느 보기가 정답인지 알 수 있다. 직선 l의 방정식을 $y=-x$이라 하고 주어진 점 $(x_1,\ y_1)=(1,\ 1)$이라고 하면 $(x_2,\ y_2)=(0,\ 0)$이 되고 선분 $\overline{PH}=\sqrt{2}$라는 것을 쉽게 알 수 있다.

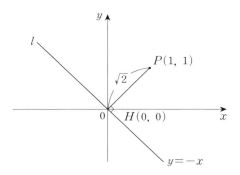

따라서 $\boxed{\text{나}}$ 에 알맞은 답은 $\sqrt{(x_2-x_1)^2+(y_2-y_1)^2}$ 가 된다. 그리고 직선 PH의 방정식은 $y=x$이므로 이를 만족하는 $\boxed{\text{가}}$ 는 $\dfrac{b}{a}(x-x_1)$이다. 따라서 정답은 ④번이

199

된다.

　예시법으로 문제를 찍을 때 가장 중요한 것은 조건을 만족시키면서도 가장 계산하기 간단하고 일반적인 예시를 찾느냐다. 이 문제에서도 $y=-x$, $(x_1, y_1)=(1, 1)$의 예를 들어 쉽게 풀 수 있었지만 만약 $y=-x+1$, $(x_1, y_1)=(0, 0)$의 예를 든다면 지금보다는 좀더 시간이 걸리게 된다.

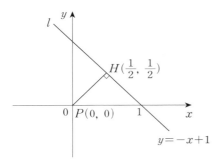

　그럼 이렇게 좋은 예를 빨리 찾아내려면 어떻게 해야 하느냐고 물어 본다면, 역시 많이 찍어 보는 수밖에 없다.

□ 실수 x에 대하여 x보다 크지 않은 정수를 $[x]$라 할 때, 다음 중 방정식 $[x]^2+[x]-2=0$과 같은 해를 갖는 부등식은? [’98][3점]

① $\dfrac{(x+2)(x-2)}{(x+1)(x-1)} \leqq 0$　　　② $\dfrac{(x+1)(x+2)}{(x-1)(x-2)} \leqq 0$

③ $\dfrac{1}{(x+1)(x-1)} \leqq 0$　　　④ $\dfrac{(x-1)(x+2)}{(x+1)(x-2)} \leqq 0$

⑤ $\dfrac{(x-2)(x-3)}{(x+2)(x+3)} \leqq 0$

▣ 이 문제 역시 예시법이다. 방정식을 만족하는 실수 x를 몇 개 예로 들어, 보기에 대입하여 부등식을 만족하는 보기를 골라내면 된다. x가 x보다 크지 않은 정수를 의미한다고 했으니 x가 정수일 때는 $x=[x]$가 된다. $[x]^2+[x]-2=0$를 만족하는 정수는 $x=-2$, 1이고, 이 두 수를 부등식에 대입했을 때 보기의 좌변의 분모가 0이 되지 않는 건 ④번 밖에 없다. 따라서 정답은 ④번.

이 문제는 제대로 풀지 말고 예시법으로 풀라고 일부러 낸 것 같지 않은가. 이 문제를 제대로 풀기 위해서는 주어진 방정식을 인수분해하고, 기호의 의미인 $[x]=n$이면 $n \le x < n+1$을 사용하여 계산한 부등식과 보기로 주어진 부등식 중 분자≤0, 분모>0일 때와 분자≥0, 분모<0일 때를 감안하여 푼 부등식 중 같은 참의 영역을 가지는 부등식이 무엇인지 비교해 보아야 한다. 평소라면 당연히 이런 과정으로 문제를 제대로 푸는 것이 좋겠지만, 분초를 다투는 실제 시험이라면 제대로 3분 걸려 푸느니 차라리 예시법으로 10초 안에 찍는 걸 권하고 싶다. 물론 이렇게 간단하게 예시법으로 끝나는 경우는 운이 좋은 경우지만, 문제를 풀다 보면 예시법으로 찍으라는 듯이 이렇게 간단하게 해결되는 경우도 상당히 많다.

□ $\sin x + \cos x = \sqrt{2}$일 때, $\sin x \cos x$의 값은? [`99] [2점]

① 1   ② $\sqrt{2}$ ③ $-\sqrt{2}$ ④ $\dfrac{1}{2}$ ⑤ $-\dfrac{1}{2}$

▣ $\sin x + \cos x = \sqrt{2}$를 만족하는 x는 많겠지만, 그 중에서 가장 쉽게 대입할 수 있는 x는 $\dfrac{\pi}{4}$이다. 이때 $\sin \dfrac{\pi}{4} = \cos \dfrac{\pi}{4} = \dfrac{\sqrt{2}}{2}$이므로 $\sin x \cos x$는 $\dfrac{1}{2}$이다. 따라서 정답은 ④번.

물론 이 문제는 $\sin x + \cos x = \sqrt{2}$의 양변을 제곱하고 $\sin^2 x + \cos^2 x = 1$을 적용하면 바로 답이 나오는 문제지만 혹시라도 이런 생각이 안 나면 이렇게 예시법으로라도 푸는 수밖에.

□ 시간 t에 따라 감소하는 함수 $f(t)$에 대하여

$$f(t+c)=\frac{1}{2}f(t)$$

를 만족시키는 양의 상수 c를 $f(t)$의 반감기라 한다. 함수 $f(t)=3^{-t}$의 반감기는? [99][3점]

① $\frac{1}{3}\log_3 2$　　　② $\frac{1}{2}\log_3 2$　　　③ $\log_3 2$

④ $2\log_3 2$　　　　⑤ $3\log_3 2$

➡ 반감기의 설명을 어렵게해 놓아서 쉽게 접근하기 어려운 문제일 수도 있다. 준식 $f(t+c)=\frac{1}{2}f(t)$에서 $t=0$ 이면 $f(c)=\frac{1}{2}$가 되므로, 주어진 보기들을 함수 $f(c)=3^{-c}$에 대입하여 값이 $\frac{1}{2}$가 나오는 보기가 답이 된다. 단, $a^{\log b c}=c^{\log b a}$ 라는 기본적인 로그 공식을 알고 있어야 한다. 이걸 모르면 손을 대볼 수도 없다. 이 책의 끝에 이런 기본적인 공식들을 모두 모아 놨으니 그건 꼭 외워둘 것. ①번을 대입하면 값은 $2^{-\frac{1}{3}}$이고, ②번을 대입한 값은 $2^{-\frac{1}{2}}$이고, ③을 대입한 값은 $2^{-1}=\frac{1}{2}$이다. 따라서 정답은 ③번.

□ 전체집합 $U=\{1,\ 2,\ 3,\ \cdots,\ 100\}$의 부분집합 A에 대하여 $f(A)$를 A에 속하는 모든 원소의 합이라고 하자. U의 두 부분집합 A, B에 대하여, 〈보기〉 중 항상 옳은 것을 모두 고른 것은? (단, $f(\phi)=0$) [99][3점]

보기

ㄱ. $f(A^c)=f(U)-f(A)$

ㄴ. $A\subset B$이면, $f(A)\leqq f(B)$이다.

ㄷ. $f(A\cup B)=f(A)+f(B)$

① ㄴ   ② ㄱ, ㄴ   ③ ㄱ, ㄷ

④ ㄴ, ㄷ   ⑤ ㄱ, ㄴ, ㄷ

➡ 이 문제는 말만 어려울 뿐 풀기는 아주 쉽다. $A=\{1, 2, 3\}$, $B=\{2, 3, 4\}$라고 하면 $f(A)$는 A에 속하는 모든 원소의 합이므로 $f(A)=6$, $f(B)=9$이다. 이때 $A\cup B=\{1, 2, 3, 4\}$이고 $f(A\cup B)=10$이므로 $f(A\cup B)\neq f(A)+f(B)$(단, $A\cap B\neq\phi$)이다. 따라서 〈보기〉 중 옳은 것이 아닌 ㄷ을 제외한 〈보기〉는 ①, ②번뿐이고, 여집합의 정의에서 ㄱ이 참이라는 걸 알 수 있다면 소거법에 의해 정답은 ②번임을 알 수 있다.

□ 삼차함수 $y=x^3-3ax^2+4a$의 그래프가 x축에 접할 때, a의 값은? (단, $a>0$) [99] [3점]

① $\dfrac{1}{4}$ ② $\dfrac{1}{3}$ ③ $\dfrac{1}{2}$ ④ 1   ⑤ $\dfrac{4}{3}$

➡ 보기를 하나씩 대입할 때도 순서가 있다. 가장 대입하기 쉬운 보기부터 먼저 대입하는 것이 좋고, 또 의외로 가장 대입하기 쉬운 보기가 답이 되는 경우도 아주 많다. 이 문제에서도 보기로 주어진 a를 하나씩 대입할 때 가장 쉬워 보이는 것은 준식의 계수에 분모가 생기지 않는 ④번이다. $a=1$을 대입하면 준식은 $y=x^3-3x^2+4$가 되고, 이 그래프가 x축에 접하는지 보기 위해 $y=0$을 넣고 인수분해하면 $(x+1)(x-2)^2=0$이 되어 $x=2$에서 x축에 접하게 된다. 따라서 정답은 ④번.

□ $\triangle ABC$에서

$$6\sin A = 2\sqrt{3}\sin B = 3\sin C$$

가 성립할 때, $\angle A$의 크기는? [99] [3점]

① $120°$ ② $90°$ ③ $60°$ ④ $45°$ ⑤ $30°$

○ 보기의 종류가 답에 대한 힌트를 주는 경우가 많은데, 이 문제의 보기도 딱 대입하기 좋도록 각도가 주어져 있다. 대입하기 쉬운 각도부터 먼저 해보자. ②번을 대입하면 $\sin A = 1$이 되고, 여기서 $\sin C = 2 > 1$이 되어 조건에 맞지 않는다. ③번을 대입해도 역시 $\sin C = \sqrt{3} > 1$이 되어 조건에 맞지 않는다. ⑤번을 대입하면 $\sin C = 1$이 되어 $C = 90°$가 되고 $B = 60°$가 되는데, $2\sqrt{3}\sin 60° = 3 = 6\sin 30° = 3\sin 90°$가 되어 준식이 성립한다. 따라서 답은 ⑤번.

□ 음이 아닌 정수 n에 대하여 n을 5로 나눈 나머지를 $f(n)$, 10으로 나눈 나머지를 $g(n)$이라 하자. 〈보기〉 중 항상 옳은 것을 모두 고른 것은? [99] [3점]

보기

ㄱ. $f(f(n)) = f(n)$
ㄴ. $g(f(n)) = g(n)$
ㄷ. $f(g(n)) = f(n)$

① ㄱ   ② ㄴ   ③ ㄱ, ㄴ
④ ㄱ, ㄷ   ⑤ ㄴ, ㄷ

▣ 이 문제와 같이 〈보기〉를 주고 항상 옳은 것이나 항상 틀린 것을 모두 고르는 식의 문제는 예외가 되는 〈보기〉를 하나라도 찾게 되면 문제를 맞힐 확률이 50퍼센트 정도 된다. 즉, 〈보기〉 5개 중 소거법에 의해 예외가 되는 〈보기〉를 제외하면 보통은 2개가 남게 되고, 이 중에서 좀더 풀어서 확실한 하나를 선택하거나 정 안 되면 둘 중에 하나를 찍어도 맞힐 확률이 꽤 높아진다는 말이다.

이 문제를 보면, 음이 아닌 정수를 5로 나누었을 때와 10으로 나누었을 때의 나머지에 대한 문제이므로 5와 10 사이에 있는 수 중 7을 예로 들어 보기에 대입시켜 보자. $f(7)=2$이고, $f(f(7))=f(2)=2$이므로 ㄱ은 $n=7$일 때 성립한다. $g(f(7))=2\neq g(7)$이므로 ㄴ은 $n=7$일 때 성립하지 않는다. 〈보기〉 5개 중에서 확실하게 옳지 않은 ㄴ이 들어간 보기를 제외하면 ①번과 ④번 중 하나가 정답이다. $f(g(7))=2=f(7)$이므로 ㄷ도 $n=7$일 때 성립하고, 모든 n에 대해 생각해본 것은 아니지만 일단은 ④번을 답으로 찍을 수 있다. 언제나 그런 건 아니지만, 경험상 이런 유형의 문제는 ① ㄱ과 같이 보기가 하나만 있는 답보다는 ④ ㄱ, ㄷ처럼 두 개 이상인 경우가 답일 때가 많다.

□ 분수 함수 $y=\dfrac{1}{x}$ 의 그래프가 직선 $y=ax$에 대하여 대칭이 되는 상수 a 의 값을 모두 구하면? [01] [3점]

① $-1, 1$ ② $-2, 2$ ③ $-3, 3$

④ $-4, 4$ ⑤ $-5, 5$

▣ 이 문제는 그림을 그리지 않아도 머리 속에 $y=\dfrac{1}{x}$ 의 그래프만 떠오르면 바로 답을 구할 수 있다. 이 그래프가 $y=x$와 $y=-x$에 대칭이 된다는 걸 설명하려면 역함수라

든지 함수의 회전이라든지 아주 복잡하게 설명할 수도 있겠지만, 결국 그래프를 그려 놓고 그냥 바라만 보는 것이 가장 쉽게 풀 수 있는 방법이다. 정답은 ①번.

□ $0 < \theta < \dfrac{\pi}{2}$ 일 때, $\log(\sin\theta) - \log(\cos\theta) = \dfrac{1}{2}\log 3$을 만족시키는 θ의 값은? (단, log는 상용로그) [′01] [3점]

① $\dfrac{1}{6}\pi$ ② $\dfrac{1}{4}\pi$ ③ $\dfrac{2}{7}\pi$ ④ $\dfrac{1}{3}\pi$ ⑤ $\dfrac{2}{3}\pi$

➥ 문제를 잘 읽어 보았다면 보기를 보자마자 알아차릴 수 있어야 한다. 보기에서 ⑤ $\dfrac{2}{3}\pi$는 $0 < \theta < \dfrac{\pi}{2}$ 라는 조건조차 만족시키지 못하므로 답이 아니다. 뭐 이런 경우가 다 있냐고 생각할 수도 있겠지만 의외로 이런 경우도 많다. 그래서 문제를 잘 읽어 보는 것이 문제를 맞힐 수 있는 가장 확실한 길이라고 하지 않았는가.

답이 아닌 ⑤번을 제외하고, 대입하기 쉬운 보기부터 넣는다는 기준에 의해 대입할 번호 순서를 정해 보면 ②, ④, ①, ③번의 순서 정도를 생각해볼 수 있다. $\dfrac{2}{7}\pi$는 대입이 거의 불가능하므로 제일 뒤에 생각해 보고, $\theta = \dfrac{\pi}{4}$ 일 때 $\sin\dfrac{\pi}{4} = \cos\dfrac{\pi}{4} = \dfrac{\sqrt{2}}{2}$ 이므로 준식에 대입하면 값이 0이 나오므로 답이 아니다. $\theta = \dfrac{\pi}{3}$ 일 때 $\log\left(\sin\dfrac{\pi}{3}\right) = \log\left(\dfrac{\sqrt{3}}{2}\right) = \dfrac{1}{2}\log 3 - \log 2$ 이고, $\log\left(\cos\dfrac{\pi}{3}\right) = \log\left(\dfrac{1}{2}\right) = -\log 2$ 이므로 $\log\left(\sin\dfrac{\pi}{3}\right) - \log\left(\cos\dfrac{\pi}{3}\right) = \dfrac{1}{2}\log 3$ 이다. 정답은 ④번.

□ 5차 이하의 모든 다항함수 $f(x)$에 대하여

$$\int_{-1}^{1} f(x)\,dx = f\left(-\sqrt{\dfrac{3}{5}}\right)a + f(0)b + f\left(\sqrt{\dfrac{3}{5}}\right)a$$

를 성립시키는 상수 a, b가 있다. a, b를 순서대로 나열한 것은? [02] [3점]

① $\dfrac{4}{9}$, $\dfrac{10}{9}$ 　　② $\dfrac{5}{9}$, $\dfrac{8}{9}$ 　　③ $\dfrac{2}{3}$, $\dfrac{2}{3}$

④ $\dfrac{7}{9}$, $\dfrac{4}{9}$ 　　⑤ $\dfrac{8}{9}$, $\dfrac{2}{9}$

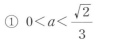 이런 문제는 제대로 풀려면 꽤 어렵다. 5차 이하의 모든 다항함수라 했으니 이 중에서 가장 쉬운 $f(x)=1$를 예로 들어 보자. 그럼 준식은 $2=2a+b$가 된다. 마침 보기의 답이 모두 $2a+b=2$를 만족하므로 다른 예를 더 들어 보아야 한다. $f(x)=x$일 때는 양변이 모두 0이 되어 등식이 만족하므로, $f(x)=x^2+x+1$을 다른 예로 들어 보자. 이 식을 대입하고 정리를 하면 $\dfrac{16}{5}a+b=\dfrac{8}{3}$ 이 되고, $2a+b=2$와 연립하여 풀면 $a=\dfrac{5}{9}$, $b=\dfrac{8}{9}$가 된다. 정답은 ②번.

□ 그림과 같이 좌표평면 위에 원과 반원으로 이루어진 태극문양이 있다. 태극문양과 직선 $y=a(x-1)$이 서로 다른 다섯 점에서 만나게 되는 a의 범위는? [02] [3점]

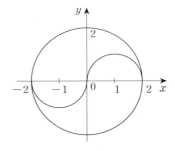

① $0<a<\dfrac{\sqrt{2}}{3}$ 　　② $0<a<\dfrac{\sqrt{3}}{3}$

③ $0<a<\dfrac{2}{3}$ 　　④ $0<a<\dfrac{\sqrt{5}}{3}$ 　　⑤ $0<a<\dfrac{\sqrt{6}}{3}$

➡ 그림이 나온 문제는 작도만 잘해도 반은 맞힐 수 있다고 말했었다. 이 문제도 거기에 해당된다. 상당히 어려워 보이는 문제지만, 선을 잘 그어 주면 복잡한 계산 없이도 풀 수 있다.

$y=a(x-1)$은 $(1, 0)$을 지나는 직선이다. 이 점을 지나는 선을 여러 개 그려 보면 기울기인 a의 범위는 0보다 크고, 왼쪽 하단의 태극을 이루는 반원과 접하는 기울기보다 작아야 함을 알게 된다. 문제는 이 원과 이 직선이 접하는 점을 구해야 기울기를 구할 수 있다는 것인데, 원의 방정식과 직선의 방정식을 넣어서 판별식을 동원하여 문제를 풀기에는 너무 막막하다. 하지만 그림을 잘 보면, 굳이 그렇게 풀지 않아도 된다는 걸 알 수 있다. 원에 접하는 직선과 원의 중심에서 접점에 그은 선은 수직이 된다는 걸 기억하는가. 그러므로 이 접점과, $(-1, 0)$과 $(1, 0)$이 이루는 삼각형은 직각삼각형이 된다. 따라서 접점은 $\left(-\dfrac{1}{2}, -\dfrac{\sqrt{3}}{2}\right)$가 된다. $(1, 0)$과 $\left(-\dfrac{1}{2}, -\dfrac{\sqrt{3}}{2}\right)$을 지나는 직선의 기울기는 $\dfrac{\sqrt{3}}{3}$이므로 정답은 ②번.

▫ 함수 $f(x)=x^2-x-6$, $g(x)=x^2-ax+4$일 때, 모든 실수 x에 대하여 $(f \circ g)(x) \geqq 0$이 되는 실수 a의 범위는?(단, $f \circ g$는 g와 f의 합성함수이다.) [02] [3점]

① $a \leqq -1$, $a \geqq 1$ 　　　　② $-1 \leqq a \leqq 1$

③ $a \leqq -1$, $a \geqq 1$ 　　　　④ $-2 \leqq a \leqq 2$

⑤ $-4 \leqq a \leqq 4$

➡ $f(x)=x^2-x-6 \geqq 0$이 되려면 $f(x)=(x-3)(x+2) \geqq 0$이므로 $x \geqq 3$ 또는 $x \leqq -2$면 조건을 만족한다. 즉, 모든 x에 대해서 $(f \circ g)(x) \geqq 0$이기 위해서는 $g(x) \geqq 3$이나 $g(x) \leqq -2$이어야 한다. 보기로 주어진 a의 범위에서 대입하기 쉬운 수인 $a=0$, 4를 골라 넣어 보자. $a=0$이면 $g(x)=x^2+4 \geqq 4$이므로 모든 x에 대해 $g(x) \geqq 3$을 만족한다. 따라서 범위 안에 $a=0$이 들어 있어야 한다. 또 $a=4$이면

$g(x) = (x-2)^2 \geqq 0$ 이어서 모든 x 에 대해 $g(x) \geqq 3$ 이나 $g(x) \leqq -2$ 이어야 한다는 조건에 해당하지 않는다. 따라서 소거법에 의해 범위 안에 0이 들어가고 4는 들어가지 않는 범위를 골라 보면 ②, ④번 중 하나가 답이 된다.

이 상태에서 제대로 정답인 ④번을 고를 수 있다면 좋겠지만, 만약 그것이 안 된다면 50퍼센트의 확률을 믿고 찍는 수밖에 없다. 사실 찍기로 문제를 풀면 보기 중 정답이 딱 하나만 나오는 경우보다 이렇게 두 개 정도가 남는 경우가 많다. 찍기 기술은 어디까지나 정식으로 풀 수 없을 것 같은 문제를 최대한 맞힐 수 있도록 도와 주는 기술에 불과하다. 그러나 너무 맹신해서는 안 되지만 배워둘 가치는 충분히 있는 기술이다.

셋
넷 사이

까딱하면 점수 까먹는
함정들

1. 루트가 들어간 항이 있으면 루트 안이 0 이상이 되는 범위 조건을 꼭 생각해야 한다.

2. 분수가 들어간 식은 분모를 0으로 만드는 답이 있는지 꼭 살펴보아야 한다. 특히 1, 2번은 '모든 답의 합은?' 또는 '모든 근의 개수는?' 등을 물어 보는 문제에서 필수 확인 사항이므로 유의할 것.

3. 역함수를 구할 때는 원함수의 치역이 역함수의 정의역이 된다는 것을 꼭 확인할 것. 일반적으로 치역은 표시하지 않기 때문에 사실 숨겨진 조건이 있는 것과 같다.

4. 수열 문제는 초항을 따로 계산해야 하는 것을 잊지 말아야 한다.

5. 절대값이 들어간 식은 +, − 두 가지 방식으로 생각해 보는 것을 유념해야 한다.

6. 각도를 물어 보는 문제는 조건으로 주어진 각도의 범위, 그리고 360° 돌려봤을 때 생기는 각도, 각 사분면마다의 sin, cos, tan의 부호 변화를 고려하는 것을 빼놓지 말아야 한다.

7. 방정식은 $x=0$일 때 등식이 성립하는지 따로 살펴보아야 한다.

8. 곡선으로 둘러싸인 넓이를 구할 때, 곡선이 한 부분에서만 교차하는지, 아니면 다른 부분에서도 교차하는지 확인해야 한다.

9. 쉬워 보이는 문제일수록 숨겨진 조건을 포함하는 경우가 많다. 이를테면 '2차방정식의 두 근 중 한 근은 다른 한 근보다 크다' 라는 말이 있다면, 이것은 2차방정식이 실근을 가짐을 의미하는 것이므로 판별식을 양수로 만드는 해란 조건이 주어진 것과 같다. 극한에서도 $\lim\limits_{x \to 1} \dfrac{f(x)}{(x-2)(x-1)}$ 의 해를 구하라는 문제라면 이 극한은 수렴해야 하므로 $f(x)$가 $(x-1)^n$ 항을 가진다는 사실을 유념하자. 이 문제는 $f(x)$가 $(x-1)$항만 들어간 다고 생각해서 틀리는 경우 많다.

10. '다음 해를 구하라', '다음 근을 구하라', '만족하는 영역을 구하라' 등 의 문제는 그냥 풀면 되는 경우가 많지만, $abcd$로 나와서 몇 개씩 조합 되는 답의 경우라든지, 해답의 합, 곱 또는 해답의 개수, 부등호에 등호 가 포함되어 있는 경우에는 위에서 말한 함정들이 대부분 도사리고 있 다고 봐도 된다. 꼭 확인하자.

어쨌든
풀리는
수학!!

문제집 활용하기

대부분의 학생들은 무작정 순서대로 문제를 풀고 답을 맞춰 보는 식으로 문제집을 사용한다. 하지만 문제집 어디에도 이런 방식으로 문제를 풀라는 말은 없다. 같은 문제집을 가지고 한 가지 방식으로만 활용하는 사람과 다양한 방식으로 활용하는 사람 중 누가 더 좋은 결과를 얻게 될지는 자명하다. 문제집은 오직 도구일 뿐이다. 좋은 도구를 가지는 것도 중요하지만, 승패는 결국 그 도구를 어떻게 사용하느냐에 따라 결정되는 것이다.

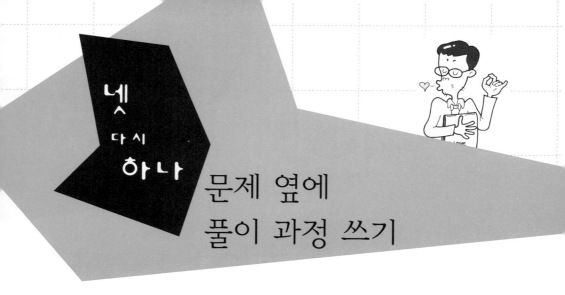

넷
다시
하나

문제 옆에
풀이 과정 쓰기

　요즘은 어떻게 하는지 모르겠는데, 예전에는 수학 시험 볼 때 깨끗한 연습장을 한 장 사용할 수 있게 했었다. 물론 거기에 공식 같은 거 적어 놓으면 안 되니까 선생님께서 꼼꼼하게 검사를 하셨다. 하지만 그 와중에도 연습장 구석에다가 깨알 같은 글씨로 공식을 적어 놓고 살짝 접어서 안 들키게 하는 애도 있었고, 다른 종이 밑에 받치고 공식을 꾹꾹 눌러 써서 눌린 자국으로 숨겨 놓는 애도 있었고, 선생님이 안 보는 사이 뒷장에 공식을 적어 놓은 연습장으로 쓰윽 바꿔 버리는 애도 있었다.

　그런데 책상에 몰래 공식 같은 거 적어 놓고 시험 쳐본 경험이 있으면 알겠지만, 그거 적어놔도 아무 소용 없다. 공식만 안다고 문제를 풀 수 있는 게 아니니까. 영어 단어 같은 거야 필요할지 몰라도, 수학 공식은 적어 놓는 시간에 차라리 문제 하나 더 푸는 게 낫다.

설령 연습장을 쓸 수 있다고 해도 문제의 풀이 과정은 문제지에 직접 적는 게 좋다. 만약 계산이 너무 길어질 것 같으면 중간중간의 풀이 과정이라도 적고, 정 적을 수 없다면 처음 나오는 식과 마지막 답 나오기 직전의 계산식 그리고 답을 적는다. 보통 제일 많이 틀리는 부분이니까. 시작할 때 숫자나 승수를 잘못 적어서 실수하는 경우도 많고, 마지막 쉬운 산수 계산에서 $8 \times 4 = 24$라고 적어 놓고 답이라고 하는 경우도 많다. 실수는 어려운 곳이 아니라 쉬운 곳에서 하기 마련이다. 그리고 계산 과정을 아무 데나 적어

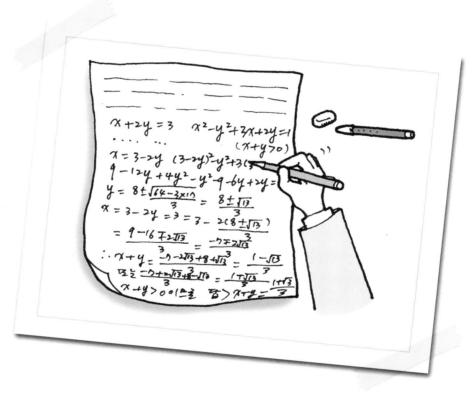

215

놓으면 나중에 검산할 때 찾는 시간이 또 걸리니까, 가능하면 해당 문제 옆에 풀이 과정과 답을 적어 두자. 소중한 시간을 절약할 수 있는 방법이다.

Tip

문제지에 풀이 과정을 적을 때, 가급적이면 글씨는 분명하되 작게 적어야 한다. 글씨를 날려 쓰거나 너무 크게 쓰면 나중에 풀이 과정을 알아 보지 못하거나, 풀이 과정이 길어졌을 때 쓸 자리가 없어지게 된다. 사소한 것 같아도, 작은 차이가 명품을 만든다.

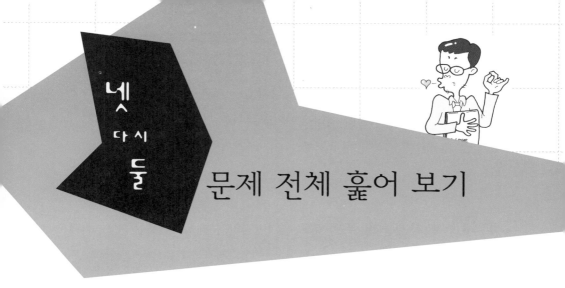

문제 전체 훑어 보기

　시험 칠 때 시간 배분을 잘못해서 마지막 문제는 미처 읽어 보지도 못하고 끝난 적이 있는가?

　"아휴, 뒤에 그 문제 딱 30초만 있었어도 풀 수 있었는데! 마지막 답만 내면 되는데 답안지를 걷어가 버리냐…… 아으~!"

　시험 끝나고 나서 이렇게 울부짖으며 인생의 덧없음을 떡볶이로 날려 버리겠다고 생각한 적이 있는가? 그래서 다음부터는 뒤에서부터 풀어야겠다고 생각하고 뒤부터 읽어 보다가 이번엔 앞에 있는 문제를 못 풀어서 또 울부짖은 적이 있는가?

　중요한 건 앞에서부터 푸느냐, 뒤에서부터 푸느냐가 아니다. 보기만 하면 금방 풀 수 있는 문제인데도 문제조차 보지 못해서 아예 풀 기회가 없었던 게 원인이다. 일단, 시험이 시작되고 나서 5~10분 동안은 문제를 푼다고 생각하지 말고 그냥 읽어만 봐라. 그리고 주어진 전체 문제 중에서 자신이 쉽게 풀 수 있는 것과 해봐야 알겠는 것, 어려워 보이는 것을 대충 구별해 보는 거다.

"시험 잘 봤어?"라는 말에서 왜 '보다' 라는 동사를 사용했는지 다시 한번 생각해 보자. 문제를 잘 푸는 것도 실력이지만 문제를 잘 보는 것도 실력 이다.

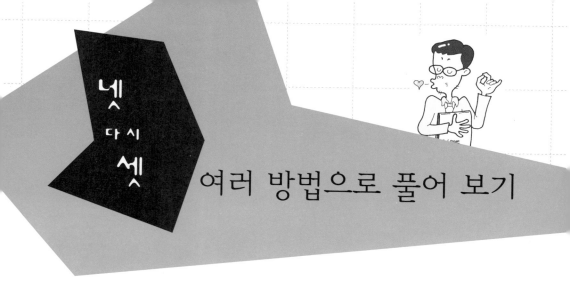

넷 다시 셋
여러 방법으로 풀어 보기

　재수할 때 이야기인데, 재수 학원은 고등학교 다니는 것과 별반 다를 게 없었다. 각 반마다 반장도 있고 담임도 있었지. 다만, 고등학교 때는 땡땡이 한번 치려면 엄청난 각오를 해야 했지만, 재수할 때는 경비 아저씨의 눈만 피하면 어떻게든 나가서 놀 수 있던 것이 다른 점이랄까.

　경비 아저씨의 눈을 피하는 방법에는 여러 가지가 있었는데, 입구 반대편으로 100원짜리 동전 굴리기, 신문을 보고 가다가 갑자기 아저씨한테 신문을 양손에 쥐어 드린 다음 빈틈을 이용해서 냅다 튀기, 2층 매점에 있는 빈 상자를 마치 매점 직원처럼 어깨에 메고 "수고하십니다. 오늘은 바나나 우유가 많이 나갔네요."라고 인사하며 슬쩍 나가기 등등 여러 가지 기술이 있었지. 어라. 이 얘기 하려고 한 건 아닌데…….

　아무튼 재수할 때 내 특기는 수학 시간에 앞에 나가서 문제 풀 때 칠판 전체 쓰기였어. 일반 칠판 두 개를 가로로 붙여서 길이가 상당히 길었는데, 여기에 길게 한 줄로 이것저것 적고, 또 밑에 적고 해서 칠판을 꽉꽉 채워 버리곤 했지. 문제 제목, 문제를 푸는 목적까지 실험 보고서 작성하듯 적고, 최대한 다양한 방법으로 문제를 풀고 답을 낸 다음, 마지막에는 문제를 풀고 난 감상까지 적어서 수학 시간을 나 혼자 다 써버렸지. 감상문의 예를 들어 보면 뭐 이런 식이랄까.

"이 자리를 빌어 문제 풀이에 도움을 준 박영익 군과 임정선 군, 그리고 쉬는 시간에 양질의 단백질 섭취를 위해 우유 살 돈을 꿔준 이한범 군에게 심심한 감사를 표한다. 그리고 점심시간에 계란 후라이, 본토 용어로 Fried Egg를 서비스로 주신 건널목 분식의 아줌마에게도 흩날리는 분필 가루와 같이 찬란한 매더매틱스(Mathematics)의 축복 있으라!"

사실 내가 튀고 싶어서 그런 게 아니라, 모종의 음모가 숨어 있었지. 보통 수능시험 한 달 정도 전에는 모두들 자기가 취약한 부분을 따로 공부하고 싶어해서 대부분의 선생님들은 그냥 자습을 시켰는데, 유독 수학 선생님만 계속 진도를 나갔던 거다. 그래서 반 애들이랑 회의를 한 결과 반장인 내가 총대를 메고 기회만 있으면 간단한 문제라도 칠판 한가득 문제를 풀며 시간을 벌기로 했다. 수학 선생님은 새로운 시도를 한다고 좋아하셨고, 애들은 애들대로 자기가 하고 싶은 공부를 따로 할 수 있었으니 누이도 매부도 행복했던 셈이다. 풀고 나면 칠판도 지워야 했으니까 그것도 시간을 버는 셈이었고.

그런데 그렇게 하면서 느낀 건, 한 가지 방법으로만 풀 수 있을 것 같았던 문제도 조금만 생각해 보면 여러 가지 다른 방식으로 풀 수 있다는 것, 그리고 이런 연습을 계속 하다 보면 한 문제에 대해 다양한 시도를 해볼 수 있어서 어려운 문제나 많이 꼬여 있는 문제를 좀더 쉽게 풀 수 있다는 거였다. 특히 도형이 들어간 문제나 확률 문제 같은 경우에는 꽹장히 다양한 방법으로 풀 수가 있는데, 그러다 보니 문제 하나를 풀어도 마치 여러 문제를 푸는 것 같은 효과를 느낄 수 있었다. 실제 시험에서야 가장 빨리 풀 수 있는 방법으로 푸는 것이 좋겠지만, 일단 문제집을 풀며 연습할 때는 한 가지 방법으로만 풀지 말고 다양한 방법으로 풀어 보려는 시도를 해보는 것이 좋다.

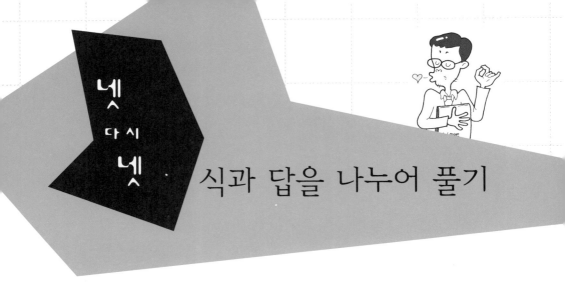

넷 다시 넷 · 식과 답을 나누어 풀기

    식은 잘 세워 놓고 막판 계산에서 실수를 많이 하는 학생, 또는 수학이 아니라 산수가 달려서 꼭 몇 문제를 틀리는 학생에게 이 방법을 권한다.

    좀 쉬운 문제집을 하나 선택하여 시험 범위까지 연필로 문제를 풀되, 마지막 답을 내지 말고 중간 정도의 풀이식에서 멈춘다. 그렇게 식만 세워 놓은 문제집을 가지고 있다가 시험 치기 며칠 전에 처음부터 문제집을 볼펜으로 다시 풀되 적혀 있는 식을 풀어 답만 낸다. 그리고 답안지랑 맞추어 보고 문제에 체크를 한다. 연필로 적은 식도 맞고 볼펜으로 적은 답도 맞는 것에는 동그라미(○), 식도 틀리고 답도 틀린 것은 엑스(×), 그리고 식은 맞았지만 답이 틀렸다거나 답은 맞았는데 식이 틀린(이런 경우는 거의 없겠지만) 경우에는 세모(△) 표시를 한다. 그리고 세모 표시가 된 문제는 다시 한번 풀어 보자. 이런 식으로 시험 때마다 계속 해나가면 식을 세우는 능력과 답을 내는 능력이 모두 향상될 것이다.

볼펜으로 마지막 답을 내는 이유가 있다. 실제 시험을 볼 때는 시간이 별로 없기 때문에, 마지막 계산을 하는 데 이렇게 풀었다 지우고 저렇게 풀었다 지우고 하면서 시간을 많이 써서는 안 된다. 한번 문제를 풀 때 제대로 푸는 습관을 들이기 위해 마지막 계산은 고치기 힘든 볼펜으로 푸는 것도 하나의 요령이다.

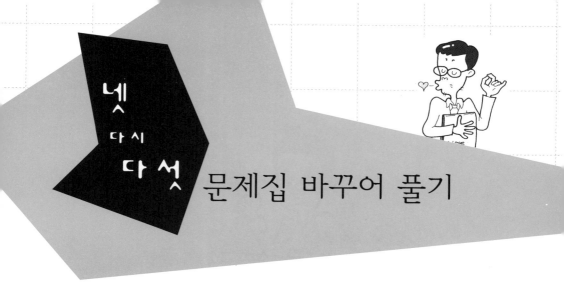

넷 다시 다섯 문제집 바꾸어 풀기

　자신의 문제 푸는 방법이 뭔가 잘못되지는 않았는지 걱정스러운 학생, 다른 사람이 문제 푸는 방식이 궁금한 학생에게 이 방법을 권한다.

　성적이 비슷한 친구와 함께 서점에 가서 같은 문제집을 구입한다. 그리고 함께 한 단원을 골라 문제를 풀되, 연습장 없이 문제 옆에 계산 과정과 답을 모두 적는다. 다 풀었으면 답안지와 비교하여 틀린 문제를 체크한 뒤, 친구와 함께 서로의 문제집을 바꾸어 읽어 본다. 자신이 틀린 문제와 친구가 틀린 문제가 얼마나 같고 얼마나 다른지, 친구가 푼 방식과 자기가 푼 방식이 얼마나 다른지 비교해 보면서 자신의 문제점을 파악할 수 있게 된다. 그리고 친구가 푼 방식 중에서 모르는 것은 물어 보면서 서로의 장점을 배울 수 있을 것이다.

Tip

성적이 비슷한 친구를 고르는 이유는, 성적이 많이 다를 경우 서로 참고할 수 있는 사항이 많지 않기 때문이다. 공부를 잘하는 친구는 공부를 못하는 친구가 푼 방식을 봐도 별로 도움이 되지 않고, 공부를 못하는 친구는 공부를 잘하는 친구가 푼 방식을 보아도 이해가 되지 않는다. 당구도 300 치는 고수가 30 치는 초보를 가르치기 힘든 법이다.

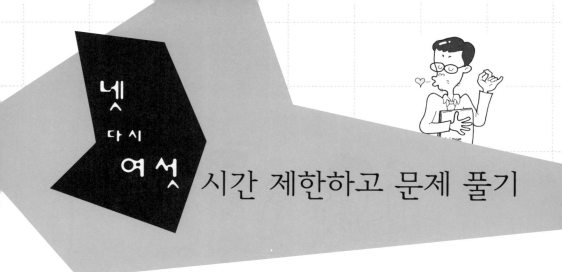

시간 제한하고 문제 풀기

넷
다시
여섯

시험 볼 때 시간이 많이 부족하다고 느끼는 학생, 너무 급하게 풀다가 실수를 많이 하는 학생, 문제 푸는 시간이 전반적으로 오래 걸린다고 생각하는 학생에게 이 방법을 권한다.

한 단원을 골라 문제를 풀되, 풀기 시작할 때 초시계를 작동시키고 문제에 답을 표시할 때 멈춘다. 그리고 문제 옆에 푸는 데 걸린 시간을 적는다. 문제를 다 풀고 나면 걸린 시간을 모두 더하여 평균을 낸다. 그리고 그 평균 시간의 두 배를 문제 풀이의 마지노선으로 잡는다. 이를테면 평균 시간이 2분 나왔다면 그 두 배인 4분이 마지노선이 된다.

그런 다음에 다른 문제집의 같은 단원을 풀어 본다. 이때도 역시 초시계를 사용하고 문제 푼 시간을 문제 옆에 적되, 마지노선을 넘기면 그냥 틀렸다고 표시하고 다음 문제로 넘어간다. 한 단원을 다 풀고 나면 답안지와 답을 맞추어 보고, 틀린 문제 중에서 푸는 시간이 평균의 반 이하인 문제를 체

크한다. 이렇게 하면 문제 푸는 시간이 오래 걸려 틀린 문제가 얼마나 되는지, 너무 급하게 풀어서 계산 실수로 틀린 문제가 얼마나 되는지 파악할 수 있을 것이다. 너무 오래 걸린 문제는 다시 한번 조금 빠르게 풀어 보고, 너무 빨리 풀어 틀린 문제는 좀더 시간을 들여 차분하게 다시 풀어 본다.

수리탐구 I의 문제 수와 같은 문제를 풀어서 전체 시간을 더해 보는 것도 좋다. 전체 시간이 시험 시간을 넘어간다면 전반적으로 서둘러서 풀 필요가 있고, 너무 빠르다면(이런 경우는 거의 없겠지만) 차분하게 풀 필요가 있다. 그리고 친구와 시간을 비교해 보는 것도 좋다. 같은 문제인데 친구와 시간 차이가 많이 나는 문제는 함께 그 원인에 대해 이야기해 보면 도움이 된다.

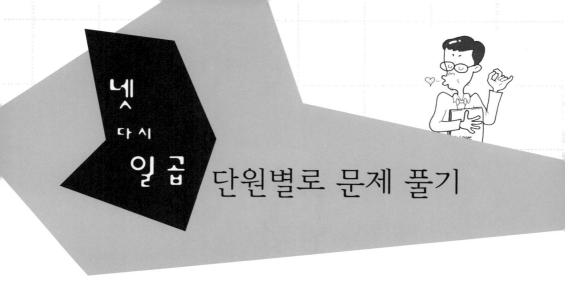

넷 다시 일곱 단원별로 문제 풀기

다른 단원은 다 잘하는데 어느 한 단원이 약해서 그 부분 문제만 나오면 바로 틀리는 학생에게 이 방법을 권한다.

약점을 해결하는 가장 좋은 방법은 그 단원의 문제를 많이 풀어 보는 것 밖에 없다. 수학 문제집을 각각 다른 출판사에서 나온 것으로 여러 권 구입하고 약점이라고 생각하는 단원만 골라 문제를 푼다. 내 경우에는 적분 단원이 약해서, 시중에 나온 문제집 7권을 구입해 적분 단원만 모두 풀었었다. 그리고 나니 실력도 실력이지만 많은 유형의 문제를 접해 봤기 때문에 적분도 해볼 만하다는 자신감이 생겼다. 문제집 1권을 사서 모두 풀고 난 다음에 다른 문제집을 사서 푸는 수직적인 방법도 있지만, 여러 권을 사서 각 단원별로 풀어 보는 수평적 풀이 방법도 있다는 사실을 잊지 말자.

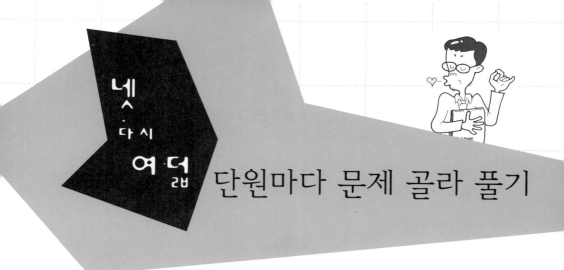

단원마다 문제 골라 풀기

넷
다시
여덟
2번

전반적으로 한번 훑어보고 싶은 학생, 다양한 내용의 문제를 풀어 보고 싶은 학생에게 권한다.

문제집 1권을 처음부터 끝까지 순서대로 풀면 아주 오랜 시간이 걸린다. 문제집을 전체적으로 풀어 보고 싶기는 한데 시간이 없는 경우에는, 각 단원마다 정해진 규칙대로 문제를 골라서 풀어 보는 것도 한 방법이다. 이를테면 각 단원마다 5, 10, 15번째 문제만을 골라서 푼다거나, 각 단원에 해당되는 페이지 중에서 임의로 펼쳐서 나온 페이지의 문제를 풀고, 또 다른 단원의 페이지를 골라 문제를 푸는 식으로 전체 단원을 풀면 적은 시간으로 다양한 단원의 문제들을 풀 수 있다. 문제집에서 하나의 단원에 대해 많은 문제가 나온다고 그냥 순서대로 문제를 푸는 것보다는, 자신이 필요한 목적에 따라 문제집을 다양한 용도로 활용하는 것이 더 좋다. 이는 마치 검을 그냥 휘두르는 것과 검술을 배우고 휘두르는 것의 차이만큼이나 중요하다.

Tip

여러 단원의 문제를 골라 풀어 보다가 너무 안 풀리거나 잘 모르겠다고 느껴지는 단원이 있다면 전에 이야기했듯이 여러 문제집에서 그 단원만 골라 푸는 방식으로 약점을 보완할 수 있다.

넷
다시
아홉 답안지 읽고 문제 맞추기

　　문제 풀이의 실마리를 잘 못 찾는 학생, 응용력이 부족한 학생에게 권하는 방법이다.

　　창의적인 생각을 도와 주는 방법 중에 '반대로 질문하기' 가 있다. 예를 들면 수학을 잘 못하는 학생이 수학을 잘 해보고자 할 때, '수학을 잘하려면 어떻게 해야 되지?' 라고 물어 보는 것이 아니라 '수학을 못하려면 어떻게 해야 하지?' 라고 반대로 물어 보는 방식이다. 이 질문에 대한 대답은 공부를 하지 않는다, 문제를 많이 풀어 보지 않는다, 수업을 듣지 않는다 등이 될 것이고, 이 대답들 중 자신에게 해당되는 것들을 알아봄으로써 역으로 자신의 문제점을 파악할 수 있는 것이다.

이 방법은 문제집 활용에도 적용할 수 있다. 문제를 보고 답을 내는 것이 아니라, 답을 읽어 보고 문제를 맞히는 것이다. 답에 나온 수식들과 풀이 방법을 통해 문제를 유추해내는 방식인 셈이다. 처음엔 거의 맞히지 못하겠지만 계속 하다 보면 답만 봐도 문제를 떠올릴 수 있게 된다. 이 방식을 통해 출제자가 문제를 낼 때 어떤 의도로 내는지, 이러한 답이 나오기 위해서는 어떤 문제가 나와야 하는지 알게 되고, 나중에 이와 비슷한 문제를 접했을 때 풀이 방법을 생각해내는 데 많은 도움이 된다.

Tip

문제집은 문제를 풀기 위해 쓰는 책이다. 하지만 그건 하나의 사용 예시일 뿐, 문제집에 있는 문제와 답을 자신이 원하는 다른 용도로 사용해도 누가 뭐라고 할 사람 없다. 고정관념에 사로잡히지 마라. 라면의 조리 예를 따르지 않아도 맛있는 라면을 끓일 수 있다.

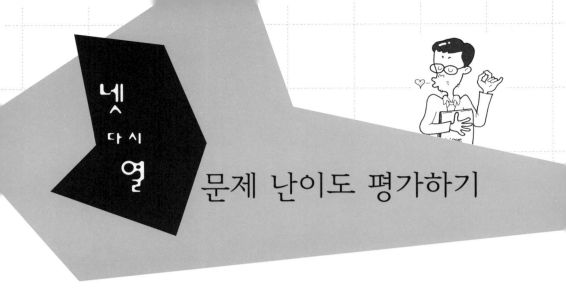

넷 다시 열 문제 난이도 평가하기

　문제가 쉬운지 어려운지 잘 판단하지 못하는 학생, 자신의 실력을 가늠해 보고 싶은 학생에게 이 방법을 권한다.

　문제를 풀 때 이 문제가 쉽게 풀 수 있는 문제인지, 풀어 봐야 알 수 있는 문제인지, 못 풀 것 같은 문제인지를 먼저 대강이라도 구별할 수 있어야 한다. 이걸 하지 못하면 자기 실력으로 못 푸는 문제를 끙끙대며 풀어 보려고 시간을 허비하거나, 자기 실력으로 금방 풀 수 있는 문제인데도 어렵다고 바로 포기해 버리는 경우가 생긴다. 수학 시험이 시작되면 일단 모든 문제를 쓰윽 훑어보고 이렇게 구별하여 표시를 해놓자.

쉽게 풀 수 있음. (◯)
풀어 봐야 알겠음. (△)
못 풀 것 같음. (×)

　이렇게 하면 최소한 모든 문제를 한 번은 읽어 볼 수 있고, 못 풀 것 같은 문제는 나중에 풀더라도 쉽게 풀 수 있는 문제는 놓치지 않고 풀 수 있다. 하지만 문제를 읽고 짧은 시간에 문제의 난이도를 파악하는 것은 쉽게 할 수 있는 일이 아니다.

　문제집에서 임의의 단원을 선택하여 문제를 읽는다. 10초 안에 못 풀 것 같은 문제, 풀 수 있을 것 같은 문제, 풀 수 있는지 없는지 잘 모르는 문제들을 각각 표시한다. 그리고 풀 수 있을 것 같은 문제부터 풀기 시작하여 풀 수 있는지 없는지 모르는 문제를 다음에 풀고, 못 풀 것 같은 문제를 제일 나중에 푼다. 정답과 맞춰 본 후, 풀기 전에 생각했던 문제의 난이도 옆에 풀고 난 다음 느끼는 난이도를 표시한다. 이 표시가 같은 것이 최소 90퍼센트 이상 되어야 문제 판단 능력이 있다고 볼 수 있다. 표시가 많이 차이난다면 주로 어느 부분에서 차이가 많이 나는지, 자신이 문제를 너무 쉽게 생각하거나 너무 어렵게 생각하는 버릇이 있는 것은 아닌지 생각해 보고 고쳐나간다.

Tip

풀어 봐야 알겠다는 세모(△) 표시는 가능하면 안 하는 것이 좋다. 꼭 표시를 해야 한다면 최소한으로 줄이도록 노력한다. 풀어 봐야 알겠다는 표시가 많은 것은 난이도를 파악하지 못하는 것과 같기 때문이다. 지뢰 찾기에서 물음표(?) 표시가 많아지면 틀림없이 폭탄을 고르게 되는 것처럼.

넷 다섯 사이

꼭 외워 두어야 할 수치들

일반적인 문제 풀이를 위해서도 중요하지만, 찍기 위해 대략의 값을 구하거나 그래프를 그릴 때 꼭 필요한 수치들이 있다. 이미 외우고 있다면 상관없지만 혹시라도 외우지 않았다면 지금이라도 바로 외워라. 나중에 피가 되고 살이 될지니!

1. $\sqrt{2} \fallingdotseq 1.414$, $\sqrt{3} \fallingdotseq 1.732$

2. $\log2 \fallingdotseq 0.3010$, $\log3 \fallingdotseq 0.4771$

3. $1\ rad \fallingdotseq 57°$

4. $\pi \fallingdotseq 3.14159276$ (π는 여기까지 외우고 있는 것이 좋다)

5. $sin\dfrac{\pi}{6}=cos\dfrac{\pi}{3}=0.5,\ sin\dfrac{\pi}{3}=cos\dfrac{\pi}{6}\fallingdotseq0.87,\ sin\dfrac{\pi}{4}=cos\dfrac{\pi}{4}\fallingdotseq0.71$

6. $2^{10}=1024,\ 3^{10}=59049$

7. 1부터 10까지의 합$=55$, 1부터 10까지의 곱$=3628800$

8. $e\fallingdotseq2.7182$(문과라 하더라도 자연 상수 e의 근사치는 외우고 있어야 한다)

9. $\displaystyle\int_{-1}^{1}xdx=0,\ \int_{0}^{1}xdx=\dfrac{1}{2},\ \int_{-1}^{1}x^2dx=\dfrac{2}{3},\ \int_{0}^{1}x^2dx=\dfrac{1}{3}$

10. 표준정규분포 표에서 $Z=1.0$일 때 $P(0\leqq Z\leqq z)=0.3413$, $Z=2.0$일 때 $P(0\leqq Z\leqq z)=0.4772$

T I ♥ve

어쨌든 풀리는 수학!!

필수 공식 시리즈

공식을 모르고 시험을 본다는 것은 총알 없는 총을 들고 전쟁터에 나가는 것과 같다. 총으로 때려서라도 살아남자면 못할 것은 없겠지만, 그 어려움은 이루 말할 수 없을 것이다. 이 단원에는 고등학교 과정에서 나오는 대부분의 공식들을 모아 놓았다. 공식은 외우는 것으로 끝나는 것이 아니라 공식을 이용한 문제를 풀어 봐야 자신의 것이 된다는 사실을 잊지 마라. 그리고 공식의 증명은 각자에게 맡겨 두는 바이다. 직접 증명한 공식은 그냥 외운 공식보다 몇 배 더 오래 기억할 수 있다는 것을 잊지 마라.

❗ 드모르간의 법칙

$$(A \cup B)^c = A^c \cap B^c, \ (A \cap B)^c = A^c \cup B^c$$

여집합에서 밖으로 나올 때는 거꾸로, 라는 식으로 외우면 편하다. 벤 다이어그램을 잘 그린다면 헷갈릴 때 그려서 바로 증명할 수 있다.

❗ 유한집합의 원소의 개수

$$n(A \cup B \cup C) = n(A) + n(B) + n(C) - n(A \cap B) - n(B \cap C)$$
$$- n(C \cap A) + n(A \cap B \cap C)$$

2개짜리는 모두 외우고 있을 것으로 믿는다. 3개짜리는 마지막에 전체 교집합을 더해 주는 것을 까먹기 쉽다. 잊지 말자. 그리고 벤 다이어그램으로 그려서 증명해 보는 것도 많은 도움이 된다. 집합 문제는 일단 벤 다이어그램을 그리고 시작한다고 생각하는 것이 좋다.

$$p \to q \text{의 역은 } q \to p, \text{ 이는 } \sim p \to \sim q, \text{ 대우는 } \sim q \to \sim p$$

잘 외우고 있다가도 시험 때 뭐가 뭔지 살짝 헷갈리기 쉽다. 대우는 순서도 바꾸고 부정도 하면 되니까 잘 잊혀지지 않지만, 역과 이는 헷갈리기 쉬우니까 확실하게 외우자. 내 경우에는 역은 '역겨우니까' 토하고, 토하는 건 소화된 음식물의 순서가 바뀐다는 식으로 외웠었다. 어쨌든 역은 순서, 이는 부정이다.

● 최대공약수, 최소공배수

두 수 a, b의 최대공약수를 G, 최소공배수를 L이라 하면 $ab = GL$

두 수를 곱한 것이 최대공약수와 최소공배수를 곱한 것과 같다는 건 그냥 생각하면 쉽게 이해가 안 될 수도 있다. 하지만 그리 어렵지 않게 증명이 되니까 직접 해봐라. 이러고 넘어가면 그냥 안 할 거라는 거 뻔히 보이는데 그러지 마라. 시키면 해봐라. 제발.

❗ 약수의 개수

$$A = a^{\alpha}b^{\beta} \text{일 때 모든 양의 약수의 개수는 } (\alpha+1)(\beta+1)$$

그냥 모든 약수 구해 버리고 말지 뭐하러 공식을 외우냐고 생각하는 당신! 시험장에서 1824의 약수 개수는 몇 개냐고 묻는 문제가 나오면, 시험지를 바라보며 망연자실하고 싶은가? 우홋.

❗ 다항식의 곱셈 공식

$$(x+a)(x+b)(x+c) = x^3 + (a+b+c)x^2 + (ab+bc+ca)x + abc$$
$$(a+b+c)^2 = a^2 + b^2 + c^2 + 2(ab+bc+ca)$$
$$(a+b+c)(a^2+b^2+c^2-ab-bc-ca) = a^3+b^3+c^3-3abc$$
$$(a^2+ab+b^2)(a^2-ab+b^2) = a^4+a^2b^2+b^4$$
$$a^3+b^3 = (a+b)^3 - 3ab(a+b)$$

이건 당연히 외우고 있어야 한다. 한두 군데서 나오는 게 아니지 않은가. 그나마 $(a-b)(a+b) = a^2-b^2$ 같이 쉬운 건 분명히 알고 있을 것이라 믿고 적어 놓지 않았다. 어이 거기, 흠칫 놀라는 건 뭐지?

🄳 인수분해

$$ac x^2 + (ad+bc)x + bd = (ax+b)(cx+d)$$
$$a^3 + b^3 + c^3 - 3abc = \frac{1}{2}(a+b+c)\{(a-b)^2 + (b-c)^2 + (c-a)^2\}$$

인수분해 공식이 많은 것 같은가? 교과과정에서 배우는 건 10개가 조금 넘는 정도다. 이거 안 외워서 문제를 틀린다는 건…… 설마…… 설마…… 지, 진짜? 그나마 여기 적어 놓은 건 좀 길어서 가끔 까먹기도 하는 걸 이해하기 때문이다.

🄳 나머지 정리

x의 다항식 $f(x)$를 x의 일차식 $(x-a)$로 나누었을 때의 나머지는 $f(a)$와 같다.

어려운 말이 쉽게 바뀌는 건 아주 행복한 일이다. 일차식으로 나눈다는 어려운 말이 나머지 정리를 쓰면 단순 대입으로 바뀌니 이 얼마나 행복한가. 에헤라디야~

⚠ 유리식의 연산

$$\frac{1}{AB} = \frac{1}{B-A}\left(\frac{1}{A} - \frac{1}{B}\right)$$

굳이 공식으로 외우지 않아도 바로 정리할 수 있는 형태다. 하지만 시험은 시간 싸움이다. 공식을 알고 바로 적용하는 사람과 잠시 움찔하고 유도해서 적용하는 사람의 시간차는 극복할 수 없다. 참, 적어 놓지는 않았는데, 이거 빼기 말고 더하기 버전으로도 외워 두면 좋다.

⚠ 가비의 리

$$\frac{a}{b} = \frac{c}{d} = \frac{e}{f} = \frac{pa+qc+re}{pb+qd+rf} \ \text{(단, 분모} \neq 0\text{)}$$

자주 나오는 놈은 아닌데 가끔 나와서 속 썩이는 놈이다. 공식이 어려워서가 아니라 언제 어느 때 적용해야 하는지를 모르면 쉽게 풀 문제를 한참 동안 속 썩어야 한다. 게다가 분모가 0이 될 때는 예외가 되니까 꼭 신경써야 한다. 외울 때는 따로 노는 놈이랑 뭉쳐 노는 놈이랑 같다, 라는 식으로 외우면 편하다. 다시 한번 말하지만 분수가 나오면 분모가 0이 되는지 안 되는지 꼭 확인해야 한다.

❗ 제곱근의 성질

$$a<0,\ b>0 \text{일 때 } \frac{\sqrt{b}}{\sqrt{a}} = -\sqrt{\frac{b}{a}}$$

제곱근은 안에 음수가 들어가면 성질이 더러워진다. 성질 더러운 놈을 다루는 법은 더 신경쓰고 잘 해주는 수밖에 없다.

❗ 이중근호 푸는 법

$$a>0,\ b>0 \text{일 때 } \sqrt{a+b+2\sqrt{ab}} = \sqrt{a}+\sqrt{b}$$
$$a>b>0 \text{일 때 } \sqrt{a+b-2\sqrt{ab}} = \sqrt{a}-\sqrt{b}$$

이중근호 푸는 법 자체는 그리 어렵지 않은데, 역시 음수가 들어가면 성질 더러워지는 놈이 제곱근인지라 조심 또 조심해야 한다.

🔔 무리수 상등

$$a+\sqrt{m}=b+\sqrt{n} \leftrightarrow a=b,\ m=n\ (\text{단 } a, b, c, d\text{는 유리수},\ m, n\text{은 양의 실수})$$

무리수는 제 아무리 날고 기어도 유리수가 될 수 없다. 유리수도 마찬가지다. 비슷한 놈들은 끼리끼리 놀도록 해주는 것이 무리수 상등이다. 유사제품으로 복소수 상등도 있음을 밝혀 둔다.

🔔 일차방정식

$$ax=b\text{는 } a \neq 0 \text{일 때 } x=\frac{b}{a}$$
$$a=0,\ b \neq 0 \text{일 때 불능(근이 없음)}$$
$$a=0,\ b=0 \text{일 때 부정(무수히 많은 근)}$$

0이 되는 분모는 뭔가 특별한 것이 있다. 분모가 0이 될 때는 모 아니면 도다. 해가 없든지, 무지하게 많든지.

🔔 가우스 기호

$$[\,x\,]=a\text{일 때 } a \leqq x < a+1$$

가우스 기호가 나오면 일단 쫄기 쉬운데 이 공식만이라도 확실하게 외우고 사용할 수 있으면 대부분의 문제는 풀 수 있다. 가우스 기호가 어려운 건 개념이 어려워서가 아니라 잔신경쓸 데가 많기 때문이다. 신경 한번 더 써서 문제 하나 더 맞으면 좋지 뭐. 참, 공식은 공식 자체를 외우는 것도 중요하지만 그 의미를 파악하고 있는 것도 중요하다. 가우스 기호를 공식으로 표현하면 저렇게 되지만 그냥 말로 설명하면 어떤 수보다 작으면서 가장 가까운 정수를 말하는 것으로 이해할 수 있다. 내가 뭘 말하고 싶은지 알겠는가? 개떡 같이 얘기해도 찰떡 같이 알아듣는 당신, 훌륭하다! 그럼 〔−1, 7〕이 −1이 아니라 −2라는 것도 알겠지!

---

❶ 이차방정식의 근의 공식

$$ax^2 + 2bx + c \leftrightarrow x = \frac{-b \pm \sqrt{b^2 - ac}}{a} \, (단, \ a \neq 0)$$

이건 x의 계수가 짝수일 때 쓰는 근의 공식이다. 일반적인 근의 공식은 쪽팔려서 안 적었다. 안 중요해서 안 적은 게 아니다. 너무 너무 너무 너무 너무 중요하니까 당연히 외우고 있을 거라고 생각해서 그런 거다.

말 나온 김에 조금 더 하자. 근의 공식은 누구나 확실하게 외우고 있다고 해도 절대 쉽게 보면 안 된다. 이 놈 함정의 보고이다. 보물 보(寶)에 고는…… 으음, 에라라! 아무튼 분수도 들어가 있고 루트도 들어가 있고 ＋ − 부호도 들어가 있다는 건 지뢰밭이라는 소리다.

방정식 $ax^2+bx+c=0$에서 (단, $a \neq 0$)

$D=b^2-4ac>0$이면 서로 다른 두 실근

$D=b^2-4ac=0$이면 하나의 실근(중근)

$D=b^2-4ac<0$이면 서로 다른 두 허근

나왔다, 판별식! 알고 있지, 판별식? 넘어간다, 판별식.

● 이차방정식의 근과 계수와의 관계

방정식 $ax^2+bx+c=0$의 두 근을 α, β라 하면 (단, $a \neq 0$, α, β는 실수)

$$\alpha+\beta=-\frac{b}{a}, \ \alpha\beta=\frac{c}{a}, \ |\alpha-\beta|=\frac{\sqrt{b^2-4ac}}{|a|}$$

근의 공식과 판별식은 단순 방정식 문제보다도 그래프를 그리거나 실근의 개수 등을 판단하는 복합적인 문제의 일부로 녹아 들어가 있을 때가 많다. 오히려 방정식 자체의 문제에서는 근과 계수와의 관계를 물어 보는 경우가 더 많다. 두 근의 합과 곱은 다 알고 있을 것 같아서 두 근의 차도 넣어 두었다. 잘했지?

❶ 삼차방정식의 근과 계수와의 관계

방정식 $ax^3+bx^2+cx+d=0$의 세 근을 α, β, γ라 하면
(단, $a\neq0$, α, β, γ는 실수)

$$\alpha+\beta+\gamma=-\frac{b}{a}, \ \alpha\beta+\beta\gamma+\alpha\gamma=\frac{c}{a}, \ \alpha\beta\gamma=-\frac{d}{a}$$

이차방정식의 근과 계수와의 관계는 확실하게 기억하고 있겠지만, 삼차방정식의 관계는 모르는 사람도 꽤 있을 거다. 공식 자체는 외우기 어렵지 않으니까 삼차까지는 외우고 있도록 하자.

---

❶ 부등식의 기본 성질

$$a>b이고\ m<0이면\ am<bm, \ \frac{a}{m}<\frac{b}{m}$$

굳이 공식이라고 할 것도 없는데 적어 놓은 이유는, 그만큼 주의하라는 의미에서다. 부등식에서 양변에 음수를 곱하거나 나누면 부등호가 바뀐다는 것은 당연히 알고 있겠지만, 계산을 하다 보면 상당히 많이 실수하는 부분이다. 그러므로 부등식의 답이 나오면 꼭 주어진 조건에 대입해 보고 준식이 성립하는지 확인하는 습관을 기르자. 지킬 것만 지키고 기본만 확실하게 해도 실수를 반은 줄일 수 있다.

방정식 $ax^2+bx+c=0$의 두 근을 α, β, 판별식을 D라 하면

(단 $a>0$, $\alpha<\beta$)

$D<0$일 때 $ax^2+bx+c>0$의 해는 모든 실수

$D=0$일 때 $ax^2+bx+c>0$의 해는 $x\neq\alpha$인 모든 실수

$D>0$일 때 $ax^2+bx+c>0$의 해는 $x<\alpha$, $x>\beta$

$D<0$일 때 $ax^2+bx+c<0$의 해는 없다.

$D=0$일 때 $ax^2+bx+c<0$의 해는 없다.

$D>0$일 때 $ax^2+bx+c<0$의 해는 $\alpha<x<\beta$

판별식을 이용하는 것처럼 보이지만 실은 그래프를 이용한다고 보는 것이 더 정확하다. 이차방정식의 근이 없다는 것은 이차 그래프가 x축과 교점이 없다는 뜻이므로 전체가 $y=0$보다 크든지 작든지 둘 중에 하나다. 0보다 작았다가 커지는 상황에서는 x축과 교점이 생길 수밖에 없으니까. 조금만 생각해 보고 그래프를 그려 보면 공식을 이해할 수 있다.

🛈 절대부등식

$$a^2+b^2+c^2-ab-bc-ca=\frac{1}{2}\{(a-b)^2+(b-c)^2+(c-a)^2\}\geqq0$$
$(a=b=c$일 때 등식 성립$)$
$$a^3+b^3+c^3\geqq3abc \quad (a=b=c$일 때 등식 성립$)$$

절대부등식은 절대 성립하니까 절대부등식이다. 절대부등식은 보통 '내가 절대부등식이지롱~' 하고 나오지 않는다. 범위가 관련된 문제나 그래프 문제를 풀 때 살며시 들어가서 문제의 난이도를 쑥쑥 높여 주는 놈이 바로 이놈들이다. 절대부등식을 외울 때는 등식을 만족할 때의 조건도 잊지 말고 외워야 한다.

🛈 코시 슈바르츠 부등식

$$(a_1^2+a_2^2+\cdots+a_n^2)(b_1^2+b_2^2+\cdots+b_n^2)\geq(a_1^2\,b_1^2+a_2^2\,b_2^2+\cdots+a_n^2\,b_n^2)$$

일명 CBS 부등식이라 부르는 놈이다. 왼쪽은 제곱한 수들을 다 더한 다음 서로 곱한 것이고, 오른쪽은 제곱한 수들을 다 곱한 다음 더한 것이다. 이렇게 하면 언제나 좌변이 우변보다 같거나 크다는 소리인데, 정확한 증명은 고교과정을 넘어서는 것이다. 이렇게 말하면 '난 초고교생이니까 증명할 수 있어.' 라고 택도 없는 소리를 중얼거리는 신당동의 P군, 조심해.

🟡 산술, 기하, 조화평균

$$\frac{a+b}{2} \geq \sqrt{ab} \geq \frac{2ab}{a+b} \ (\text{단, } a, b\text{는 양의 실수, 등호는 } a=b\text{일 때})$$

절대부등식 중에서 제일 많이 나오는 놈이다. 부등식 자체도 워낙 중요하고, 등호가 성립하는 조건도 워낙 중요하다. 많이 나온다는 얘기는 그만큼 문제 만들기 좋다는 소리다. 특히 산술평균과 기하평균은 분수도 있고 루트도 있으니 함정을 파는 이는 행복하다.

🟡 선분의 내분, 외분

$P(x_1)$, $Q(x_2)$에서 내분점을 $R(x)$, 외분점을 $S(x)$라 하면

$\overline{PQ}$를 $m:n$으로 내분하는 점 $x = \dfrac{mx_1+nx_2}{m+n}$ (단, $m, n>0$)

$\overline{PQ}$를 $m:n$으로 외분하는 점 $x = \dfrac{mx_2-nx_1}{m-n}$ (단, $m, n>0, m \neq n$)

내분점 외분점 공식은 자주 나오지는 않지만 공식을 외우고 있지 않으면 의외로 헷갈린다. 내분점이나 외분점 자체를 구하는 문제도 있지만 두 점과의 거리가 $m:n$인 점의 자취를 그렸을 때 두 점의 내분점과 외분점을 지름의 양 끝으로 하는 원이 그려진다는 것을 이용한 문제에 같이 나오는 경우도 많다. 이 원의 이름 기억나는가? 목욕탕에서 벌거벗고 뛰쳐나와 "오메, 알아 버렸네!"를 외치던 아르키메데스 형님보다 25살 아래로, 알렉산드리아에서 수학을 공부하고 교수가 되었고 원뿔 정리론으로 유명한 이 수학자의 이름을 모르는가? 정답은 다음 이 시간에.

❗ 두 직선의 직교 조건

$y=ax+b$, $y=a'x+b'$ 일 때 두 직선이 직교할 조건은 $aa'=-1$
$ax+by+c=0$, $a'x+b'y+c=0$에서 두 직선이 직교할 조건은
$aa'+bb'=0$

두 직선이 직교할 조건은 기울기를 서로 곱해 -1이 나오면 된다. 이것만 확실하게 알고 넘어가자. 그리고 슬쩍, 아폴로니우스.

❗ 두 직선의 평행 조건

$ax+by+c=0$, $a'x+b'y+c=0$일 때 두 직선이 평행할 조건은
$$\frac{a}{a'}=\frac{b}{b'}\neq\frac{c}{c'}$$

기울기가 같으면 두 직선은 평행하다. 근데 절편까지 같으면 평행하다 못해 완전히 겹쳐 버린다. 이 얘기를 공식으로 만들면 위와 같다. 솔직히 말로 하는 게 이해는 더 잘 간다. 그러니까 수업시간에 졸면서 나중에 책 보고 혼자 해야지 하지 말고, 선생님 말씀 잘 들어라. 아아, 너무 교훈적인 얘기를 했더니 장난치고 싶어진다. 하쿠나 마타타!

● 점과 직선 사이의 거리

$$\text{점 P}(x_1, y_1)\text{에서 직선 } ax+by+c=0\text{까지의 거리 } d = \frac{|ax_1+by_1+c|}{\sqrt{a^2+b^2}}$$

직선방정식에 점의 좌표를 대입한 것을 절대값 씌워서 분자로 한다고 하면 조금 쉬워 보이려나 모르겠다. 아무튼 점과 직선 사이의 거리 공식은 꼭 외우고 있어야 한다. 혹시 이것도 루트도 있고 분수도 있는 데다 절대값까지 있으니 함정에 지뢰까지 심어 놓은 것 아니냐고 질문한다면, 신경쓰는 건 좋기는 한데 루트 안이 모두 제곱이라 음수가 될 일이 없고, 직선이라고 말했으니 $a=b=0$이 되는 일은 일어나지 않을 것이며, 거리라고 말했으니 어차피 양수임이 분명하다는 말을 해주겠다.

● 원의 방정식

$$x^2+y^2+Ax+By+C=0\text{의 중심}\left(-\frac{A}{2}, -\frac{B}{2}\right),$$
$$\text{반지름 } r = \frac{\sqrt{A^2+B^2-4C}}{2} \text{ (단, } A^2+B^2-4C>0)$$

이 공식은 안 외워도 큰 문제는 없다. 주어진 방정식을 $(x-a)^2+(y-a)^2=r^2$ 꼴로 변형하면 바로 나오니까. 하지만 조금이라도 시간을 아끼고 싶은 당신, 외워 두면 손해 보지는 않을 것이다.

❶ 원의 접선

원 $x^2+y^2=r^2$ 위의 한 점 (x_1, y_1)에서 그은 접선의 방정식은

$$x_1x+y_1y=r^2$$

원 $x^2+y^2=r^2$의 접선 중 기울기가 m인 접선의 방정식은

$$y=mx\pm r\sqrt{1+m^2}$$

원의 한 점 위에서 그은 접선의 방정식은 간단하다. 증명도 편미분을 쓰면 간단하게 할 수 있다. 하지만 기울기가 주어진 접선의 방정식은 식도 복잡하게 보이는데다 $+-$까지 나온다. 어렵다고 안 외울 수 있다면 얼마나 좋겠느냐마는……

---

❶ 점의 평행이동

어떤 점 $P(x, y)$를 x축 방향으로 m, y축 방향으로 n만큼 평행이동하면

$$(x, y) \longrightarrow (x+m, y+n)$$

딱 헷갈리기 쉽다. 도형의 평행이동과 점의 평행이동은 다르다. 점은 더해 주고, 도형은 빼준다. 점 더 도 빼!

❗ 도형의 평행이동

> $f(x, y)=0$을 x축 방향으로 m, y축 방향으로 n만큼 평행이동하면
> $$f(x-m, y-n)=0$$

점 더 도 빼!

❗ 좌표축의 평행이동

> 좌표축을 x축 방향으로 m, y축 방향으로 n만큼 평행이동하면
> $$(x, y) \rightarrow (x-m, y-n), \text{ 또는 } f(x+m, y+n)=0$$

좌표축을 이동하는 것이나 원래 좌표축에서 도형과 점을 반대 방향으로 이동하는 것이나 같다. 내가 전봇대에서 5미터 멀어지려면 내가 전봇대에서 5미터 물러서도 되지만 전봇대를 뽑아서 5미터 던져 버려도 되는 것이다. 예가 좀 험악하지만 이해만 하면 된다.

❗ 점 (a, b)에 대한 대칭이동

> $$x \rightarrow (2a-x), y \rightarrow (2b-y)\text{를 대입}$$

도형을 (a, b)에 대칭으로 이동시키는 것은 생각만으로는 쉽게 풀리지 않는다. 여러 참고서를 뒤져서 증명하는 법은 한번 봐두는 것이 좋다. 물론 이건 외우고 있어야 하고.

❗ 함수의 합성

$$f \circ g(x) = f(g(x))$$

말로 풀어 보면, 두 함수를 합성한 건 한 함수에 다른 함수를 대입한 것과 같다, 라고 할 수 있다. 그럼 간단한 문제 하나. 연산 $f \circ g(x)$의 항등원은 무엇인가? $f \circ g(x) = f(g(x)) = f(x)$가 모든 x에 대해 성립하려면 항등원은 $g(x) = x$가 되겠지.

❗ 합성함수의 역함수

$$(g \circ f)^{-1} = f^{-1} \circ g^{-1}$$

합성한 함수의 역함수는 원래 함수의 역함수를 합성한 것과 같은데 그 순서가 반대이다. 이건 말로 하는 게 더 어렵군. 아무튼 합성함수의 역함수가 나오면 순서 바꾸는 거 잊지 않도록 조심할 것.

❗ 이차함수의 표준형

$$y = ax^2 + bx + c$$
$$= a(x + \frac{b}{2a})^2 - \frac{b^2 - 4ac}{4a}$$

공식에는 몇 가지 유형이 있다. 정말 중요하고 꼭 외워야 하는 공식, 안 외워도 괜찮지만 외워 두면 시간이 절약되는 공식, 알기는 당연히 아는 건데 실수하기 쉬운 공식. 이 공식이 어디에 해당되는지는 알아서 판단하길.

❗ 우함수와 기함수

$$f(-x) = f(x) \text{일 때 } f(x) \text{는 우함수}$$
$$f(-x) = -f(x) \text{일 때 } f(x) \text{는 기함수}$$

우함수는 짝수함수, 기함수는 홀수함수. 경우가 두 개밖에 없으면 하나라도 확실히 외우면 된다. 음수를 넣어도 똑같은 결과 나오는 게 우함수라고 외우자.

🔴 이차방정식 근의 위치

이차방정식 $ax^2+bx+c=0\,(a>0)$의 두 근이 α, β라면

두 근이 모두 0보다 클 때

$$\alpha+\beta=-\frac{b}{a}>0,\ \alpha\beta=\frac{c}{a}>0,\ D=b^2-4ac\geqq0$$

두 근이 모두 0보다 작을 때

$$\alpha+\beta=-\frac{b}{a}<0,\ \alpha\beta=\frac{c}{a}>0,\ D=b^2-4ac\geqq0$$

두 근이 서로 부호가 틀릴 때

$$\alpha\beta=\frac{c}{a}<0$$

굳이 공식이랄 것도 없이 잘 보면 이해가 되는 내용이다. 답이 허수가 나오면 비교할 수가 없으니 실수가 나와야 하므로 판별식은 0 이상이고, 두 근이 음수냐 양수냐는 두 근의 합과 곱으로 판단할 수 있다. 가끔 생각해 보면 단순한 이차방정식에서 이렇게나 많은 정보를 알아낸다는 게 신기하기도 하다. 나만 그런가?

🔴 지수 법칙

$$m,\ n\text{이 실수일 때 } a^m \times a^n=a^{m+n}$$

지수는 곱하면 더해진다. 그럼 지수의 곱을 하려면? $(a^m)^n=a^{mn}$ 이 된다.

❗ 로그 성질

$$a^m = N \leftrightarrow m = \log_a N \, (단, N > 0, a > 0, a \neq 1)$$

$$\log_{a^m} b^n = \frac{n}{m} \log_a b = \frac{n \log_c b}{m \log_c a} \quad (단, a > 0, b > 0, m \neq 0, c \neq 1 인 양수)$$

$$a^{\log_b c} = c^{\log_b a}$$

로그도 역시 제한이 많아서 실수를 유발한다. 진수 조건, 밑수 조건 등 조심해야 할 조건들이 많다. 게다가 보통 조건은 0과 관련되어 정해지는 수가 많은데 로그의 밑수는 하고 많은 수 중에서 1이 되면 안 된다는 특이한 조건을 가지고 있다. 로그의 성질을 조금만 생각해 보면 왜 밑수가 1이 되면 안 되는지 알 것이다. 한두 번 얘기한 것도 아니니까 지금쯤은 생각해 보라면 정말로 생각할 것이라 꼬옥 믿는다. 배, 배, 배신은 죽음이야.

❗ 로그 근사값

$$\log 2 = 0.3010, \log 3 = 0.4771$$

로그 근사값과 루트 근사값 중에서 2와 3이 들어가는 건 살포시 외워 두면 한 문제 이상을 찍어 맞힐 수 있다. 로그 근사값은 적어 놓았으니 루트 근사값은 직접 찾아 봐라. 어이 어이, 찾아 보라니까 어디 가냐. 야아!

266

❗ 부채꼴의 호의 길이와 넓이

중심각이 θ이고 반지름이 r인 부채꼴의 호의 길이를 l, 넓이를 S라 하면
$$l = r\theta, \; S = \frac{1}{2} r^2 \theta = \frac{1}{2} rl$$

좀 찾아 보랬더니 그냥 가버리냐. 삐지기는. 아무튼 부채꼴 관련 공식은 외워 두면 좋은 게 아니라 꼭 외워야 되는 필수 공식이니까 외우자.

❗ 삼각함수 공식

$$\tan\theta = \frac{\sin\theta}{\cos\theta}$$
$$\sin^2\theta + \cos^2\theta = 1$$
$$1 + \tan^2\theta = \frac{1}{\cos^2\theta}$$
$$1 + \frac{1}{\tan^2\theta} = \frac{1}{\sin^2\theta}$$

삼각함수를 한 번이라도 공부해 봤으면 $\sin^2\theta + \cos^2\theta = 1$이 얼마나 자주 나오는지 알 것이라 믿는다. 많이 나오는데도 안 외우는 사람이 있다면 그건 똥배짱.

❗ 음각, 여각, 보각 공식

$$\sin(-\theta)=-\sin\theta,\ \sin\left(\frac{\pi}{2}-\theta\right)=\cos\theta,\ \sin(\pi-\theta)=\sin\theta$$

$$\cos(-\theta)=\cos\theta,\ \cos\left(\frac{\pi}{2}-\theta\right)=\sin\theta,\ \cos(\pi-\theta)=-\cos\theta$$

$$\tan(-\theta)=-\tan\theta,\ \tan\left(\frac{\pi}{2}-\theta\right)=\frac{1}{\tan\theta},\ \tan(\pi-\theta)=-\tan\theta$$

이건 두고 두고 헷갈린다. 부호도 신경써야 하고 각도도 신경써야 하고. '얼싸안 코' 라고 외워 놔도 헷갈리긴 마찬가지다. 외우는 것도 중요하지만 힙겹더라도 문 제를 많이 풀어서 몸에 익히는 수밖에 없다.

❗ 사인법칙

반지름 R인 원의 내접 삼각형 $\triangle ABC$가 있고 각 변이 $a,\ b,\ c$라 할 때
$$\frac{a}{\sin A}=\frac{b}{\sin B}=\frac{c}{\sin C}=2R$$

사인법칙을 이용한 문제들은 대부분 자신을 풀어줄 사인법칙과의 연관성을 좀처 럼 드러내지 않는다. 그냥 보면 원에 내접한 삼각형의 문제일 뿐이다. 수학이 달 리 어려운가. 문제를 풀 실마리가 꼭꼭 숨어 있으니까 어려운 거지. 어렸을 때 숨 바꼭질해 본 적 있는가? 술래를 잘 찾아내는 법은 숨바꼭질을 많이 해서 술래가 어디에 숨는지 미리 파악하는 방법과 주변을 샅샅이 살펴서 어디에 숨었든 찾아 내는 방법이 있다. 수학 푸는 것도 똑같다. 실마리와의 숨바꼭질. 두둥!

❗ 제1코사인법칙

$$a = b\cos C + c\cos B$$
$$b = c\cos A + a\cos C$$
$$c = b\cos A + a\cos B$$

어려워 보이지만, 구할 변의 이름을 제외한 나머지를 앞서거니 뒤서거니 적어 주면 식으로 쉽게 외울 수 있다. 제1코사인법칙은 빨리 외워 버리고 남는 시간에 어려운 제2코사인법칙을 외우자.

❗ 제2코사인법칙

$$a^2 = b^2 + c^2 - 2bc\cos A$$
$$b^2 = c^2 + a^2 - 2ac\cos B$$
$$c^2 = a^2 + b^2 - 2ab\cos C$$

직각삼각형에서는 $a^2 = b^2 + c^2$이다. 만약 각이 일반각일 때는 어떻게 되냐고 하는 질문의 답이 제2코사인법칙이다. 두 변과 사잇각을 알 때 다른 변의 길이를 물어 보면 이 공식을 쓴다. 또 세 변을 주고 코사인 값을 물어 봐도 이 공식을 쓰면 된다. 보통 제1코사인법칙보다 제2코사인법칙이 문제에 더 많이 나온다. 그렇다고 이것만 외우면 되겠구만, 하고 생각한다면 미워해줄 테다. 둘 다 외워 주세요.

❗ 삼각형의 넓이

두 변과 사잇각을 알 때 $S=\dfrac{1}{2}\,bc\sin A$

세 변의 길이를 알 때 $S=\sqrt{k(k-a)(k-b)(k-c)}$ $\left(단, k=\dfrac{a+b+c}{2}\right)$

세 꼭지점의 좌표를 알 때

$S=\dfrac{1}{2}\left(|(x_1y_2+x_2y_3+x_3y_1)-(x_2y_1+x_3y_2+x_1y_3)|\right)$ (단, 꼭지점의

좌표는 $(x_1,y_1),(x_2,y_2),(x_3,y_3)$)

삼각형의 넓이 구하는 법을 처음으로 배운 것이 언제인지 생각나질 않는다. 초등학교 때였나, 중학교 때였나. 아무튼 이제야 삼각형의 넓이 구하는 법의 최종판이 나왔다. 세 변의 길이를 알 때도, 세 점의 좌표를 알 때도, 두 변과 사잇각을 알 때도, 그 어느 때라도 삼각형은 공식을 알고 있는 우리에게 자신의 넓이를 수줍게 보여줄 것이다.

❗ 사각형의 넓이

두 변의 길이와 한 각을 아는 평행사변형의 넓이는 $S=ab\sin\theta$

두 대각선의 길이와 교각을 아는 사각형의 넓이는 $S=\dfrac{1}{2}\,ab\sin\theta$

이건 시간 줄이기 공식. 꼭 안 외워도 되지만 외워 놓으면 좋은 거.

❗ 파푸스의 정리

$\triangle ABC$에서 변 BC의 중점 M에 대하여
$$\overline{AB}^2 + \overline{AC}^2 = 2(\overline{AM}^2 + \overline{BM}^2)$$

아폴로니우스 아저씨를 기억하고 있는가? 그 아저씨 죽고 500년 뒤에 활동한 수학자로서 《수학집성》이라는 책을 쓴 사람의 이름을 아는가? 그렇다, 그가 바로 파푸스! 오오오! 우리는 이 아저씨 이름을 겨우 이 중선 정리에서나 만날 수밖에 없었지만 실제로 이 아저씨의 업적은 꽤나 대단하다. 3세기에 자신이 쓴 책을 2천 년 가까이 지난 21세기에도 배우고 있는 걸 알면 기분이 어떨까? 아아, 잡담하다 보니 공식에 대한 내용을 말 안 했군. 이건 공식보다도 직접 그림을 그려 보고 증명을 해보는 것이 꼭 필요하다. 이거 증명하는 문제들 여러 번 나왔었다.

❗ 황금비

$$a:b = 1 : \frac{-1+\sqrt{5}}{2}$$

비가 내려요. 황금으로 된 비가 내려요. 너무 너무 이쁘게 내려요. 황금비예요. 이뻐서 황금비예요. 가로 세로가 이 비율대로 되면 그렇게 이쁠 수가 없대요.

❗ 행렬의 곱셈

두 행렬 A, B에서 $AB \neq BA$

행렬 A와 실수 b에서 $Ab = bA$

$(A+B)^2 = A^2 + AB + BA + B^2$

지금까지 나온 대부분의 연산은 곱할 때 순서를 바꾸어도 상관이 없었다. 하지만 행렬끼리 곱할 때만큼은 절대로 순서를 바꾸면 안 된다. 행렬의 곱은 순서가 달라지면 답이 달라진다는 걸 명심 또 명심할 것.

❗ 케일리 해밀턴의 공식

$$A = \begin{pmatrix} a & b \\ c & d \end{pmatrix} \text{일 때 } A^2 - (a+d)A + (ad-bc)E = O$$

케일리 해밀턴의 공식은 여러 군데 써먹을 수 있는 아주 좋은 공식이기는 한데, 문제는 이 공식의 역은 성립하지 않는다는 것이다.

즉, $A^2 - (a+d)A + (ad-bc)E = O$ 이면 $A = \begin{pmatrix} a & b \\ c & d \end{pmatrix}$일 때 성립하지만 $A = kE$(k는 실수)에서도 성립한다. 역이 성립하지 않는 걸 제대로 보여주려면 역시 초고교생이 되어야 하기 때문에 생략.

$$\begin{pmatrix} a & 0 \\ 0 & a \end{pmatrix}^n = \begin{pmatrix} a^n & 0 \\ 0 & a^n \end{pmatrix} \text{ (단, } n \text{은 자연수, } A \neq kE)$$

굳이 외우지 않아도 한 번만 곱해 보면 통밥으로 알 수 있다. 하지만 그 한 번 곱하는 시간을 절약하면 다른 문제를 하나 더 풀 수 있을지도 모른다.

● 역행렬

$$\begin{pmatrix} a & b \\ c & d \end{pmatrix}^{-1} = \frac{1}{ad-bc} \begin{pmatrix} d & -b \\ -c & a \end{pmatrix} \text{ (단, } ad-bc \neq 0)$$

외우기 어렵지만 꼭 외워야 하는 역행렬 공식. 오른쪽 대각선끼리는 순서를 바꿔 주고, 왼쪽 대각선은 부호를 바꿔 주고, 오른쪽 대각선 곱에서 왼쪽 대각선 곱을 뺀 값을 분모로 붙여 주면 역행렬이 나온다. $ad-bc \neq 0$ 일 때만 역행렬을 구할 수 있다는 사실을 잊지 말 것.

❗ 등차수열

$$a_n = a_1 + (n-1)d$$

$$a_{n+1} = \frac{a_n + a_{n+2}}{2}$$

$$S = \frac{n\{2a + (n-1)d\}}{2}$$

같은 수를 계속 더해 주고 늘어 놓으면 등차수열이 된다. 등차수열의 합 공식이 좀 어렵지만 그래도 이 세 개의 공식은 전부 외울 것. 등차수열을 제대로 이해했다면 앞의 둘은 증명해서 사용할 수도 있지만 아무리 짧은 시간이라도 절약하는 것이 필요하다는 말씀.

❗ 조화수열

$$\frac{1}{a_n} = \frac{1}{a_1} + (n-1)d$$

$$\frac{2}{a_{n+1}} = \frac{1}{a_n} + \frac{1}{a_{n+2}}$$

각 항의 역수가 등차수열일 때 이를 조화수열이라 부른다. 이건 조화수열의 의미만 확실히 이해하고 있으면 넘어가도 괜찮다.

❗ 등비수열

$$a_n = a_1 r^{n-1}$$

$$a_{n+1}^2 = a_n a_{n+2}$$

$$S_n = \frac{a(1-r^n)}{1-r}$$

같은 수를 계속 곱해 주고 늘어 놓은 수열이 등비수열이다. 등비수열은 수열 자체의 식도 중요하지만 등비수열의 합 공식도 매우 중요하다. 등차수열, 등비수열의 합은 연습장에 몇 번이라도 쓰면서 꼭 외우도록 하자.

❗ 수열의 합과 일반항

$$a_n = S_n - S_{n-1} \, (단, \, n=2, 3, 4\cdots), \, a_1 = S_1$$

10개를 더한 답에서 9개까지 더한 답을 빼면 마지막 하나가 뭔지 알 수 있다는 건 이해하면서도, 이 공식을 이해하지 못한다면 말이 안 된다. 이 공식에 신경써야 할 부분이 있다면, 일반항까지 더한 합에서 하나 전까지 더한 합을 빼면 일반항이 나온다는 공식의 내용이 아니라, $a_1 = S_1$와 같이 초항은 따로 생각해야 한다는 점일 것이다. 이건 정말로 까딱하면 실수하기 쉬운 부분이다. 조심하자.

❗ 단리법, 복리법

> 단리법 원리 합계$=a(1+rn)$ (단, a는 원금, r은 이자, n은 기간)
>
> 복리법 원리 합계$=a(1+r)^n$ (단, a는 원금, r은 이자, n은 기간)

아주 아주 가끔 나오는데 나오기만 하면 속썩이는 놈이다. 단리는 이자가 붙든 말든 원금만 기준으로 계산하는 방식이고, 복리는 이자가 붙어 늘어나는 금액과 원금의 합을 기준으로 계산하는 방식이다. 문제에서는 거의 대부분 복리가 나오지만, 그래도 둘 다 알아 두어야 한다.

❗ 자연수의 합

$$\sum_{k=1}^{n} k = \frac{n(n+1)}{2}$$

$$\sum_{k=1}^{n} k^2 = \frac{n(n+1)(2n+1)}{6}$$

$$\sum_{k=1}^{n} k^3 = \left\{\frac{n(n+1)}{2}\right\}^2$$

$$\sum_{k=1}^{n} k(k+1) = \frac{n(n+1)(n+2)}{3}$$

$$\sum_{k=1}^{n} k(k+1)(k+2) = \frac{n(n+1)n(n+2)n(n+3)}{4}$$

조금 어려워 보일지도 모르지만 급수의 합을 구할 때 꼭 필요한 공식이다. 앞의 3개는 정말 필수적인 공식이고, 뒤의 2개는 급하면 앞의 공식을 이용해서 유도할 수도 있지만 그래도 외워 두는 게 좋다. 어차피 여기 있는 모든 공식들은 외우고 있어야 속 편하다. 꼭 외워야 할 공식과 꼭 외울 필요는 없는 공식으로 나눌 수는 있지만 그냥 잔머리 굴리지 말고 몽땅 다 외우고 문제까지 풀어 보는 것이 한 문제라도 더 맞힐 수 있는 길이다. 공식 외울 건 다 외우고 문제 못 푸는 건 이해하지만, 외우면 뻔히 맞힐 수 있는 문제를 공식 안 외워서 틀리는 건 어떻게 할 방법이 없다.

🄘 계차수열

a_n을 원수열, b_n을 계차수열이라 할 때

$$a_n = a_1 + \sum_{k=1}^{n-1} b_k$$

수열의 난이도가 수열을 구할 때 얼마나 신경을 써야 하느냐로 정해진다면, 계차수열은 꽤 어려운 편에 속한다. 근데 문제는 이놈이 시험에 자주 등장한다는 것이다. 아무래도 문제를 낼 때 어떤 수열인지 눈에 뻔히 보이는 걸 내기보다는 계차수열처럼 한 번 꼬인 수열을 내고 싶은 것이 사람 심정인가 보다. 아무튼 계차수열은 어떤 수열의 합이 다른 수열의 일반항에 포함되는 것이라는 걸 확실히 알고 공식을 외우도록 하자.

❗ 수학적 귀납법

> $n=1$일 때 주어진 명제가 성립함을 보임.
>
> $n=k$일 때 주어진 명제가 성립함을 가정함.
>
> $n=k+1$일 때 주어진 명제가 성립함을 보임.

수학적 귀납법은 예상 외로 시험에 많이 나온다. 지금까지 나온 수능 문제를 보면 거의 한두 문제 이상은 꼭 나왔다. 이 단순해 보이는 귀납법을 이용해 얼마나 다양한 증명을 할 수 있는지를 생각해 보면 엄청 중요한 놈이기는 하다. 수학적 귀납법에서 가장 어려운 부분은 $n=k$일 때의 식을 이용해서 어떻게 해서든 $n=k+1$의 식으로 만드는 일이다. 어떻게 해서든이라고 쉽게 말했지만 그 단어 속에는 머리가 뽀개지는 괴로움이 있다는 것 느껴지나?

❗ 무한급수

> 무한급수 $\sum\limits_{k=1}^{\infty} a_n$이 수렴 $\rightarrow \lim\limits_{n \to \infty} a_n$이 수렴. 그러나 반대의 경우는 성립 안 됨.

반대의 경우는 성립 안 된다는 말의 의미는 언제나 성립이 안 된다는 것이 아니라 모든 경우에 성립하는 것이 아니기 때문에 성립하지 않는다고 말한 것이다. 즉, $\lim\limits_{n \to \infty} a_n$이 수렴해도 무한급수 $\sum\limits_{k=1}^{\infty} a_n$이 수렴하지 않는 경우가 가끔 있다는 거다. 세상의 까마귀는 모두 검은 색이다, 라고 말했을 때 단 한 마리의 흰 까마귀만 찾아도 성립이 안 된다는 것과 같은 의미이다. $a_n = \dfrac{1}{n}$ 같은 특별한 경우 하나 정도는 반대가 성립하지 않는 예로 기억해 두는 것이 좋다. 참, $\lim\limits_{n \to \infty} a_n$이 수렴하는 것은 무한급수 $\sum\limits_{k=1}^{\infty} a_n$이 수렴하는 것의 필요조건이라는 걸 눈치챘나?

278

🔴 무한등비급수

$a \neq 0$일 때 무한등비급수 $\sum\limits_{n=1}^{\infty} ar^{n-1}$의 값은

$|r| < 1$일 때 $\dfrac{a}{1-r}$, $|r| \geqq 1$일 때 발산

이건 등비수열 합 구하는 공식만 정확히 알고 있으면 바로 나오는 공식이다. r^n이 어떻게 되는지만 생각하면 되니까. r의 범위까지 생각하는 것이 귀찮다면 그냥 예전에 나왔던 등비급수 공식만으로도 충분히 적용할 수 있을 것이다.

🔴 함수의 극한

$$f(x) < g(x) \text{이면} \lim_{x \to a} f(x) \leqq \lim_{x \to a} g(x)$$

$f(x) = \dfrac{1}{x}$ 는 $x > 0$일 때 분명히 $g(x) = 0$보다 크다. 하지만 x가 0에 가까워질수록 그 차이는 점점 줄어들고, 극한까지 가면 같아지게 된다. 하지만 극한으로 간다 해도 작은놈이 큰놈과 같아질 수는 있을지언정 더 커질 수는 없다는 게 이 공식의 핵심이다.

❗ 함수의 연속

$$\lim_{x \to a} f(x) = f(a)$$

구간 내의 극한값과 함수값이 같으면 이 구간 내에서 이 함수는 연속이라는 얘기다. 연속이라는 건 말 그대로 어디 끊어진 곳 없이 잘 이어져 있다는 의미인데, 너무 당연한 얘기를 하는 것 같지만 어떤 함수가 연속인지 아닌지를 증명하는 건 생각보다 쉽지 않다.

❗ 최대 최소의 정리

함수 $f(x)$가 폐구간 $[a, b]$에서 연속이면 $f(x)$는 이 구간 안에서 최대값, 최소값을 가진다.

최대 최소의 정리는 연속인 함수가 폐구간 내에서 최대값과 최소값을 가진다는 것 때문에 중요한 것이 아니다. 그 최대값이나 최소값이 폐구간의 두 끝 값과 구간 내의 극대값, 극소값 중에서 결정된다는 것이 중요하다.

❗ 중간값의 정리

> 함수 $f(x)$가 폐구간 $[a, b]$에서 연속이고 $f(a) \neq f(b)$이면 $f(a)$와 $f(b)$의 임의의 값 k에 대하여 $f(c) = k$, $a < c < b$를 만족하는 c가 적어도 하나 이상 존재한다.

하나의 줄을 제 아무리 이리 꼬고 저리 꼬아도 줄의 처음과 끝 위치 사이에서 가위질을 하면 분명히 한 군데 이상 끊어지게 되어 있다. 원래 끊어진 줄이 아니라 하나의 줄이라는 것만 확실하다면.

❗ x=a에서의 미분계수

$$f'(a) = \lim_{h \to 0} \frac{f(a+h) - f(a)}{h} = \lim_{x \to a} \frac{f(x) - f(a)}{x - a}$$

어차피 미분계수를 구하는 건 미분 공식들로 구한 도함수에 대입해서 바로 구하겠지만, 그래도 함수의 내용을 정확히 밝히지 않고 함수끼리의 관계만 준 다음 정해진 점에서의 미분계수를 구하라는 문제를 풀려면 미분의 처음이자 끝인 이 공식을 익혀 두어야만 한다.

❗ 미분 가능과 연속

모든 미분 가능한 함수는 연속이다. 그러나 모든 연속인 함수가 미분 가능하지는 않다.

연속함수는 미분 가능한 함수들을 포함한다. 포함하면 필요, 그래서 연속함수라는 건 미분 가능한 함수의 필요조건이 된다. 연속인데 미분 가능하지 않은 함수가 어디에 있냐구? $y = |x|$에서 $x = 0$일 때처럼 날카로운 첨점을 가진 함수는 연속임에도 미분이 불가능하다.

❗ 도함수

$$f'(x) = \lim_{h \to 0} \frac{f(x+h) - f(x)}{h}$$

$$f'(x) = y' = \frac{df(x)}{dx} = \frac{dy}{dx}$$

도함수에서 위의 공식은 어느 정도 이해하면서도 $f'(x) = \dfrac{dy}{dx}$의 의미를 잘 이해하지 못하는 사람들이 많다. dy라는 건 아주 순간적인 y의 변화량을 말한다. 즉, d는 순간적인 변화량을 나타내기 위한 표시일 뿐, 이를테면 $f'(x) = \dfrac{t}{k}$ (단, $t = x$의 순간 변화량, $k = y$의 순간 변화량)이라고 써도 똑같다는 얘기다.

❗ 미분법

$$y=c \longrightarrow y'=0 \, (c\text{는 상수})$$
$$y=x^n \longrightarrow y'=nx^{n-1} \, (n\text{은 유리수})$$
$$y=cf(x) \longrightarrow y'=cf'(x) \, (c\text{는 상수})$$
$$y=f(x)+g(x) \longrightarrow y'=f'(x)+g'(x)$$
$$y=f(x)g(x) \longrightarrow y'=f'(x)g(x)+f(x)g'(x)$$

미분을 배웠다면 알고 있어야 할 공식.

❗ 점 $(a, f(a))$를 지나는 접선의 방정식

$$y=f'(a)(x-a)+f(a)$$

어떤 점에서의 미분값은 그 점에서의 접선의 기울기가 된다는 건 모두가 알지만, 왜 그렇게 되느냐고 물어 보면 자신 있게 설명할 수 있는 사람 몇이나 될까.

❶ 증가/감소, 극대/극소값

구간 $[a, b]$에서 미분 가능한 함수 $f(x)$에 대해

$f(x) > 0$이면 증가, $f(x) < 0$ 이면 감소, $f(x) = 0$이면 극대 또는 극소값.

미분이 변화량의 관계라는 걸 알고 있다면 이 공식은 이미 알고 있는 셈이다. 변화량이 양수면 늘어나고 있다는 것이고 음수면 줄어들고 있다는 거니까. 하지만 착각하기 쉬운 건 변화량이 줄어들었더라도 양수이기만 하면 이 함수는 여전히 증가하고 있다는 것. 5에서 10이 되는 것도 증가고, 10에서 11이 되는 것도 증가한 것이지만, 증가량은 5에서 1로 줄어든 것임을 생각하면 이해가 될 것이다.

---

❶ 최대 최소값

구간 $[a, b]$에서 미분 가능한 함수에 대해 극값, 양 끝값 중 최대값, 최소값이 존재.

아까 최대 최소의 공식 할 때 한 얘기네. 쓰윽, 넘어간다.

$$\int k dx = kx + C \ (k\text{는 상수}, C\text{는 적분 상수})$$

$$\int x^n dx = \frac{1}{n+1} x^{n+1} + C$$

$$\int k f(x) dx = k \int f(x) dx$$

$$\int \{f(x) \pm g(x)\} dx = \int f(x) dx \pm \int g(x) dx$$

보통 책에 보면 미분 먼저 설명하고, 적분은 미분의 반대라는 식으로 설명하는 경우가 많다. 하지만 적분에서 사용하는 구분구적법은 그리스 시절부터 계속 연구되어 온 것이고 미분은 근대에 와서야 개념이 잡힌 것이다. 왜 적분이 미분보다 나중에 나오는 걸까? 아아, 몰라 몰라. 설마 이런 거 말하라고 시험에 나오겠어? 그럼 시험에 나오지 않는 건 배우지도 마? 으아! 부정적분에서는 적분 상수 까먹지 말고 꼭 쓰라는 것만 말하려고 했는데 삼천포로 빠져 버렸다.

❗ 정적분 계산법

$$\int_a^a f(x)dx = 0$$

$$\int_a^b f(x)dx = -\int_b^a f(x)dx$$

$$\int_a^b kf(x)dx = k\int_a^b f(x)dx \ (k\text{는 상수})$$

$$\int_a^b \{f(x) \pm g(x)\}dx = \int_a^b f(x) \pm \int_a^b g(x)dx$$

$$\int_a^b f(x)dx = \int_a^c f(x)dx + \int_c^b f(x)dx$$

$$\int_a^b f(x)g(x)dx = [f(x)g'(x)]_a^b - \int_a^b f'(x)g(x)dx$$

부정적분과 정적분이 서로 완전히 다른 태생이라는 것 알고 있는가? 부정적분의 결과는 함수가 나오고 정적분의 결과는 정해진 수가 나오는데 어떻게 둘을 모두 적분이라고 부를 수 있는지 생각해 본 적 있는가? 부정적분은 미분하면 $f(x)$가 나오는 함수를 찾는 것이고, 정적분은 정해진 구간을 잘게 나누어 나눈 폭과 함수 값인 높이를 곱해서 모두 합한 것의 극한 값을 의미하는데 이 두 가지가 $\int_a^b f(x)dx = F(b) - F(a)$라는 식으로 연결되어 있다는 것, 즉 정적분을 부정적분을 이용해서 구할 수 있다는 것이 신기하지 않은가? 참고로 이것이 미적분학의 기본 정리라고 부른다는 것도 양념 삼아 기억해 두기 바란다.

❶ 정적분 함수의 미분

$$\lim_{x \to 0} \frac{1}{x} \int_a^{x+a} f(t)dt = f(a)$$

$$\frac{d}{dx} \int_{k(x)}^{g(x)} f(t)dt = g'(x)f(g(x)) - k'(x)f(k(x))$$

미분과 적분이 서로 반대 개념이라는 것도 미적분학의 기본 개념 중 하나이다. 위의 식은 이 말을 수학적 기호를 사용해서 표현한 것이고, 두 번째 식은 적분값을 미분할 때 실수하기 쉬우니까 주의하라고 적어 놓은 공식이다.

---

❶ 무한급수와 정적분

$$\int_a^b f(x)dx = \lim_{n \to \infty} \sum_{k=1}^{n} f(x_k) \varDelta x$$

$$\lim_{n \to \infty} \sum_{k=1}^{n} f\left(a + \frac{p}{n} k\right) \frac{p}{n} = \int_0^p f(x+a)dx \, (단, \, p는 \, 적분 \, 구간 \, [a, b]의 \, 길이)$$

식이 복잡해서 어려워 보이겠지만 정적분이 넓이 개념이라는 것만 이해하면 증명은 어렵지 않다. 아주 짧은 구간을 폭으로 하고 그 구간 시작점에서의 함수값을 곱한 직각사각형을 다 더하면 곡선과 축이 이루는 도형의 넓이와 비슷한 값이 된다는 것, 극한을 사용하면 결국 똑같은 값이 된다는 것만 기억하고 있으면 된다.

❗ 도형의 넓이

곡선 $y=f(x)$와 x축 및 $x=a$, $x=b$로 둘러싸인 도형의 넓이 S는

$$S=\int_a^b |f(x)|\,dx$$

포물선 $y=ax^2+bx+c$의 그래프가 x축 또는 직선 $y=mx+n$과 두 점 α, $\beta\,(\alpha<\beta)$에서 만날 때 그래프와 직선 사이의 넓이

$$S=\frac{|a|(\beta-\alpha)^3}{6}\ \text{(직선이 x축일 때도 성립)}$$

포물선 $y=ax^2+bx+c$의 그래프가 다른 포물선 $y=px^2+qx+r$과 두 점 α, $\beta\,(\alpha<\beta)$에서 만날 때 그래프 사이의 넓이

$$S=\frac{|a-p|(\beta-\alpha)^3}{6}$$

삼차 곡선 $y=ax^3+bx^2+cx+d$가 접선 $y=mx+n$, 또는 $y=px^2+qx+r$과 한 점에서 접하고 다른 한 점에서 만날 때 그래프 사이의 넓이

$$S=\frac{|a|}{12}(\beta-\alpha)^4$$

이 공식들을 외우지 않고 넓이 구할 때마다 수식 다 넣어 가면서 계산해도 된다. 하지만 보통 시험에서 나오는 이차, 삼차 곡선이 들어간 도형의 넓이를 그냥 구분구적법 같은 적분의 기본 공식으로 구하는 것과 이 공식을 바로 사용하는 것이 얼마나 시간 차이가 많이 나는지 한 번만 풀어 보면 느낄 수 있다. 공식에만 의지하게 되면 공식의 예외 상황에 적응을 못하고 오히려 더 많은 문제를 틀릴 수도 있지만, 대개 그런 경우는 없으니까 시험 보기 전에 범위 안에 있는 공식만큼은 꼭 외워 두자.

❗ 입체도형의 부피

구간 $[a, b]$에서 입체를 x축에 수직인 평면으로 자른 단면의 넓이가 $S(x)$일 때 입체의 부피는

$$V = \int_a^b S(x)\,dx$$

x축을 중심으로 하는 회전체의 부피는

$$V_x = \pi \int_a^b \{f(x)\}^2\,dx$$

y축을 중심으로 하는 회전체의 부피는

$$V_y = \pi \int_a^b \{g(y)\}^2\,dy$$

회전체의 단면은 원의 넓이 구하는 공식인 πr^2에서 r 대신 함수값을 넣으면 되고, 이를 적분하면 회전체의 부피가 된다는 말이다. 적분을 사용하면 선이 면이 되고, 면이 입체가 된다. 그래프를 적분하면 넓이를 구할 수 있고, 면적을 적분하면 부피를 구할 수 있다. 반대로 미분을 사용하면 입체가 면이 되고 면이 선이 된다. 선은 1차원, 면은 2차원, 입체는 3차원이니 적분과 미분은 차원 이동기 같지 않은가?

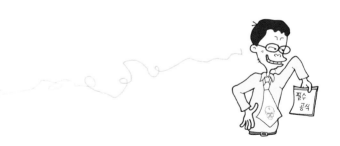

❗ 순열

$$n개에서 순서를 따져 r개를 선택할 경우의 수\ _{n}P_{r} = \frac{n!}{(n-r)!}$$

경우의 수가 어떻게 될지의 의미를 생각해 보면 알 수 있다. 10명을 줄을 세우는 경우의 수는 7명을 뽑아 세우는 경우의 수에 나머지 3명을 뽑아 세우는 경우의 수를 곱하면 될 것이다. 그러므로 7명을 뽑아 줄을 세우는 경우의 수는 10명을 줄 세우는 경우의 수를 3명을 뽑아 줄을 세우는 경우의 수로 나누어 주면 된다. 공식 계산할 때는 그냥 n부터 -1씩 해나가며 선택한 개수만큼 곱해 주면 된다.

❗ 중복순열

$n개에서 순서를 따져 중복이 가능하도록 r개를 선택할 경우의 수$

$$_{n}\Pi_{r} = n^{r}$$

중복해서 뽑을 수 있으니까 결국 언제나 n개 중에서 하나 뽑는 경우의 수와 같다는 것. 근데 순서를 따진다고 했으니 다 똑같은 걸 뽑았어도 순서가 달라서 다른 걸로 친다는 것이다. 그래서 한 번 뽑을 때마다 새로운 n개 중에서 하나 뽑는 경우와 같다는 것을 알아 두자.

⚠ 원순열

> 서로 다른 n명의 사람이 원탁에 앉는 경우의 수는 $\dfrac{(n-1)!}{2}$

원순열에서 중요한 것은 일렬로 줄을 세울 때는 다르게 치지만 원으로 만든 경우에는 같아지는 경우의 수를 모두 찾아내는 것이다. 빙빙 돌리면 같아지는 경우의 수를 찾으려면 아무나 한 명을 정해서 그 사람을 기준으로 생각하면 된다.

⚠ 조합

> n개에서 순서를 따지지 않고 r개를 선택할 경우의 수
>
> $$_nC_r = \frac{n!}{r!(n-r)!}$$

뽑는 과정까지 생각하는 건 순열이고 뽑고 난 결과만 생각하는 건 조합이다. 조합은 순서와 상관없이 뽑고 난 결과만을 본다. 따라서 순열을 구하는 공식에서, 뽑는 순서를 생각하고 다르게 처리한 걸 하나로 묶어 버리면 조합이 된다. r개를 순서대로 늘어 놓는 경우의 수는 $r!$이니까 $_nC_r = \dfrac{_nP_r}{r!}$로 쓸 수 있고, 이걸 정리하면 위의 공식이 된다. 계산할 때는 n부터 하나씩 줄여 나가면서 r개를 곱한 것을 $r!$로 나누어 주면 된다.

❗ 중복조합

n개에서 순서를 따지지 않고 중복이 가능하도록 r개를 선택할 경우의 수

$$_nH_r =\,_{n+r-1}C_r$$

중복조합의 공식은 꼭 증명해 보는 것이 좋다. 중복해서 뽑을 수 있으니 이걸 어떻게 푸나, 하는 생각이 들겠지만 중복이라는 의미를 다른 각도에서 보면 의외로 쉽게 증명할 수 있다.

❗ 조합의 성질

$$_nC_0 = 1, \quad _nC_r =\,_nC_{n-r}$$

하나도 안 뽑는 경우의 수는 하나. 집합에서 $U - A^c = A$와 같은 논리로 $_nC_r =\,_nC_{n-r}$.

❗ 이항정리

$$(a+b)^n = \sum_{r=0}^{n} {}_nC_r \times a^{n-r} \times b^r$$

이항정리도 중요하지만 밑의 이항계수 성질이 문제에 더 많이 나오는 부분이다. a, b에 1이나 -1 같은 수를 대입해 보거나 미분, 적분해 보면 여러 가지 재미있는 결과를 얻을 수 있다.

❗ 이항계수의 성질

$$2^n = {}_nC_0 + {}_nC_1 + {}_nC_2 + \cdots + {}_nC_n$$

$${}_nC_0 + {}_nC_2 + {}_nC_4 + \cdots = {}_nC_1 + {}_nC_3 + {}_nC_5 + \cdots$$

$$n2^{n-1} = {}_nC_1 + 2{}_nC_2 + 3{}_nC_3 + \cdots + n{}_nC_n$$

$$\frac{1}{n+1}(2^{n+1}-1) = {}_nC_0 + \frac{{}_nC_1}{2} + \frac{{}_nC_2}{3} + \cdots + \frac{{}_nC_n}{n+1}$$

이항계수의 성질은 물론 시간 절약의 의미에서 외워 두면 좋지만, 이항정리를 잘 알고 있고 이항정리에 1, -1을 넣거나 미분, 적분한 결과가 이렇게 된다는 걸 알고 있으면 꼭 외우지 않아도 좋다.

❗ 전개식의 일반항

$(a+b+c)^n$의 전개식에서 $p+q+r=n$일 때(단, p, q, $r \geq 0$인 정수)
$a^p b^q c^r$의 계수는 $\dfrac{n!}{p! q! r!}$

a, b, c에 여러 가지 수나 변수를 넣어서 다양한 응용문제를 만들 수 있다. 근과 계수와의 관계에 전개식의 일반항을 통한 계수를 엮으면 재미있는 문제가 나올 것 같지 않은가? 자기가 직접 문제를 만들어 풀어 보는 것도 출제자의 의도를 파악하는 데 많은 도움이 된다.

❗ 확률의 기본 성질

$P(A)$는 A라는 사건이 일어날 확률, S는 모든 사건이라고 할 때
$0 \leq P(A) \leq 1$
$P(S)=1$, $P(\phi)=0$

확률의 기본 성질은 너무 당연한 얘기. 그래도 실수하지 않기 위해 다시 한번 읽어 보기!

🔔 확률의 여사건

$$P(A^c) = 1 - P(A)$$

확률은 집합과 비슷한 성질을 가진다. 집합에서의 여집합 개념을 생각하면 여사건도 쉽게 이해할 수 있다.

🔔 확률 덧셈 정리

$$P(A \cup B) = P(A) + P(B) - P(A \cap B)$$

공식의 형태는 합집합을 구하는 것과 똑같다. 하지만 $P(A \cup B)$, $P(A \cap B)$의 의미는 예를 들어 생각해 보는 것이 좋다. 이를테면 1부터 10까지 번호가 적혀 있는 공에서 하나를 골랐을 때 짝수인 공을 고를 확률을 A, 5 이하의 숫자가 적힌 공을 고를 확률을 B라 하면 $P(A \cup B)$는 번호가 1, 2, 3, 4, 5, 6, 8, 10일 경우를 의미하고 $P(A \cap B)$는 번호가 2, 4일 경우를 의미한다.

❗ 조건부확률

$$P(B|A) = \frac{P(A \cap B)}{P(A)}$$

확률 문제 중에서 제일 많이 나오는 형태가 조건부 확률이다. A라는 사건이 일어난 경우라는 조건 아래 B 사건이 일어날 확률을 구하는 것이 조건부 확률이지만, 처음에는 뭐가 조건부 확률이고 아닌지도 감이 잘 오지 않는다. 익숙해지기 위해서는 문제를 많이 풀어 보는 수밖에 없다.

❗ 독립사건

$$P(A \cap B) = P(A)P(B)$$

두 가지 사건이 서로에게 전혀 영향을 주지 않는다면 따로 일어날 확률을 곱했을 때 $P(A \cap B)$가 나오게 된다. 공식 자체보다 공식이 가지는 의미를 음미해 볼 것.

❗ 독립 시행의 정리

어떤 시행을 독립적으로 n번 반복할 때 p의 확률을 가진 사건이 r회 일어날 확률 P_r은

$$P_r = {}_nC_r \cdot p^r q^{n-r} \ (단, p+q=1이고, r은 0 \leq r \leq n인 정수)$$

이놈도 아주 자주 나오는 놈이다. 확률에서 배우는 여러 가지를 총집합시켜 놓은 놈이기 때문이 아닐까한다. 아무튼 문제 낼 때 함정 파기도 좋은 공식이니까 공식에 딸린 조건까지도 완벽하게 외워 두자.

❗ 평균, 가평균

도수 $f_1, f_2 \cdots f_n$, 변량 $x_1, x_2 \cdots x_n$의 평균을 m, 가평균을 a라 하면

$$m = \frac{1}{n} \sum_{i=1}^{n} x_i f_i = a + \frac{1}{N} \sum_{i=1}^{n} (x_i - a)f_i \ (단, N = \sum_{i=1}^{n} f_i)$$

공식으로 써놓으니까 어려워 보이지만, 문제를 한 번만 풀어 보면 단번에 이해할 수 있다. 그리고 가평균값과 원래 값과의 차이의 평균을 가평균에 더해 주면 진짜 평균이 나온다는 것도 어렵지 않게 이해할 수 있다.

❗ 기대값

변량 x_i가 나올 확률을 $P(\mathrm{X}=x_i)$라 하고 이때의 상금을 Q라 하면

$$기대값 = \sum_{i=1}^{n} QP(\mathrm{X}=x_i)\,(단,\ i=0,\,1,\,2,\,\cdots n)$$

100만 원에 당첨될 확률이 0.1퍼센트인 복권을 한 장 사면 내가 기대할 수 있는 상금은 $1,000,000 \times 0.001 = 1,000$원. 이게 기대값.

❗ 분산, 표준편차

변량 $x_1,\, x_2 \cdots x_n$ 의 평균을 m, 표준편차를 σ이라 하면

$$분산\ \sigma^2 = \frac{(x_1-m)^2+(x_2-m)^2+\cdots+(x_n-m)^2}{n}$$

$$= \frac{1}{n}\sum_{i=1}^{n}(x_i-m)^2$$

$$= \frac{1}{n}\sum_{i=1}^{n}x_i^2 - m^2$$

$$표준편차\ \sigma = \sqrt{\sigma^2} = \sqrt{\frac{1}{n}\sum_{i=1}^{n}x_i^2 - m^2}$$

1과 99의 평균도 50이고 40과 60의 평균도 50이다. 평균값만으로는 자료들의 성질을 정확히 파악할 수 없다. 그래서 분산과 표준편차를 구하는 것이다. 공식이 어려워 보이지만 실제로는 그다지 어렵지 않다. 원래 값에서 평균을 뺀 것을 제곱하고 이걸 전체 개수로 나누어 주면 원래 값과 평균이 대충 얼마 정도 차이 나는지 알 수 있고, 이것이 바로 분산이다. 분산은 제곱한 값의 평균에서 평균을 제

곱한 것을 빼도 구할 수 있고, 실제 계산에서는 오히려 이 식을 더 많이 쓴다. 표준편차는 분산에 루트를 씌우면 바로 나온다. 분산과 표준편차가 크다는 것은 평균값을 기준으로 많이 들쑥날쑥한다는 뜻이라는 것, 이해할 수 있을 거라 생각한다.

❗ 확률 분포의 성질

$$P(X=x_i)=p_i \ (단, i=0, 1, 2, \cdots n)$$
$$0 \leq P(X=x_i) \leq 1$$
$$\sum_{i=1}^{n} P(X=x_i)=1$$
$$P(X=x_i \ or \ X=x_j)=P(X=x_j)+P(X=x_j) \ (단, \ i \neq j)$$

확률 분포의 성질은 이전에 얘기한 확률의 성질과 같다. 모든 확률 분포를 더한다는 것은 전 사건의 확률을 구한다는 의미이므로 1이 나오는 것이고, 확률 분포도 결국 확률값이니 0과 1 사이의 값을 가지게 된다.

❗ 확률 변수의 평균과 분산, 표준편차

변량 x_i에서 $P(X=x_i)=p_i$라 하면 (단 $i=0, 1, 2, \cdots n$)

확률 변수 X의 평균 $E(X)=\sum\limits_{i=1}^{n} x_i\, p_i$

분산 $V(X)=\sum\limits_{i=1}^{n}(x_i-m)^2 p_i = \sum\limits_{i=1}^{n} x_i^2 p_i - m^2 = E(X^2)-\{E(X)\}^2$

표준편차 $\sigma(X)=\sqrt{V(X)}$

확률 공식 중에서 제일 어려워 보이는 공식이다. 여기서 포기하면 아무것도 안 되니까 억지로라도 외워 두자. 특히 분산 공식은 평균을 이용한 표현도 꼭 알아 두어야 한다. 평균 공식을 잘 이해하고 있다면 증명 자체는 어렵지 않게 할 수 있다.

❗ 확률 변수의 평균, 분산, 표준편차의 성질

$E(aX+b)=aE(X)+b$

$V(aX+b)=a^2 V(X)$

$\sigma(aX+b)=|a|\sigma(X)$

여기 적어 놓은 성질은 모두 증명해 보는 것이 좋다. 많이도 말고 딱 한 번씩만 증명해 보면 공식도 잘 외울 수 있고 확률 변수의 의미도 확실하게 이해할 수 있다.

❗ 이항분포

확률변수 X가 이항분포 $B(n, p)$를 따를 때 일어나는 횟수 X의 평균과 분산, 표준편차는

$$E(X) = np$$

$$V(X) = npq$$

$$\sigma(X) = \sqrt{npq}$$

사건이 일어날 확률이 p일 때 n번 시도하면 몇 번이나 해당 사건이 일어날까? 상품이 나올 확률이 0.1이라면 100번 뽑았을 때 10개는 얻을 수 있을 것이라 생각할 수 있고 이게 바로 평균이다. 그냥 생각해 봐도 전체 시도 횟수 n에 나올 확률 p를 곱하면 될 것 같지 않은가. 하지만 평균은 쉽게 이해되도 분산은 좀 어렵다. 넘어가자.

❗ 확률 밀도 함수

확률 밀도 함수 $f(x)$에서 $P(a \leq X \leq b) = \int_a^b f(x)dx$

$$E(X) = \int_\alpha^\beta x f(x)dx$$

$$V(X) = \int_\alpha^\beta (x-m)^2 f(x)dx = \int_\alpha^\beta x^2 f(x)dx - \{E(X)\}^2$$

확률 밀도 함수는 적분하면 해당 범위의 확률값이 나온다는 사실까지만 알아도 성공이다. 보통은 평균 구하는 공식까지는 나오지만 분산 구하는 공식은 잘 안 나온다. 너무 어렵게 보이기도 하고 문제를 내면 거의 다 못 맞추니까.

❗ 표준정규분포

$$Z = \frac{X - m}{\sigma} \text{ 일 때}$$

$$f(z) = \frac{1}{\sqrt{2\pi}} e^{-\frac{z^2}{2}} \ (z\text{는 모든 실수, } -\infty < z < \infty)$$

표준 정규 분포는 평균을 0으로 만들고 표준편차를 1로 만들어 놓은 것이다. 어떤 분포든 변형을 해서 평균 0, 표준편차 1로 만들면 계산해 놓은 수치표에 의해 확률값을 얻을 수 있다. 그냥 확률 밀도 함수를 적분해도 확률값을 얻을 수 있지만 적분하기 어렵거나 적분할 수 없는 경우도 많으니까. 이 공식은 수능에 가끔 나오므로 어려워도 꼭 외워 두어야 한다. 문제 자체는 많이 꼬여 있거나 어렵지 않으니까 공식만 확실히 알고 있어도 충분히 풀 수 있을 것이다.

❗ 모집단의 표본 평균의 분포

각 표본에서 나온 평균들의 새로운 평균 $E(\overline{X})=m$

각 표본에서 나온 평균들의 새로운 분산 $V(\overline{X})=\dfrac{\sigma^2}{n}$

각 표본에서 나온 평균들의 새로운 표준편차 $\sigma(\overline{X})=\dfrac{\sigma}{\sqrt{n}}$

집단이 너무 커서 그 집단 모두를 대상으로 조사할 수 없다면 집단에서 일부만 뽑아서 조사하고 그 결과를 통해 원래 큰 집단의 성질을 추측해 보는 것이 가능하다. 물론 표본은 한쪽에 편중되게 뽑아서는 안 되고 고르게 뽑아야 한다. 모집단의 평균과 표본의 평균이 같을 수밖에 없는 이유를 잘 생각해 보는 것이 좋다.

❗ 모평균의 추정과 신뢰도

95%의 신뢰도로 m을 추측하면

$\overline{X}-1.96\dfrac{\sigma}{\sqrt{n}}\leq m\leq \overline{X}+1.96\dfrac{\sigma}{\sqrt{n}}$, 신뢰 구간 $=2\times1.96\dfrac{\sigma}{\sqrt{n}}$

99%의 신뢰도로 m을 추측하면

$\overline{X}-2.58\dfrac{\sigma}{\sqrt{n}}\leq m\leq \overline{X}+2.58\dfrac{\sigma}{\sqrt{n}}$, 신뢰 구간 $=2\times2.58\dfrac{\sigma}{\sqrt{n}}$

신뢰도를 높여서 추측을 하려면 신뢰 구간을 늘려야 하고, 신뢰도를 낮추어 추측하면 신뢰 구간을 좁힐 수 있다. 이를테면 어떤 아저씨를 보고 "저 아저씨의 나이는 39~41살 정도 될 거야."라고 말하면 맞힐 확률은 50퍼센트가 될까 말까 하겠지만, "저 사람은 분명히 나이가 1살에서 200살 사이일 거야."라고 말하면 100퍼센트 맞힐 수밖에 없다. 하지만 이 범위가 넓어질수록 추측을 하나마나한 것이 되므로 표준편차에 얼마를 곱한 범위를 사용하게 되고, 이것이 모평균의 추정과 신뢰도이다. 95퍼센트일 때 1.96, 99퍼센트일 때 2.58과 같은 수치는 주어지는 경우가 많으므로 공식 자체보다는 공식의 의미를 잘 알아 두자.